Design and Production of Ceramic Jewelry

陶瓷首饰设计与制作

邹晓雯 著

江苏凤凰美术出版社

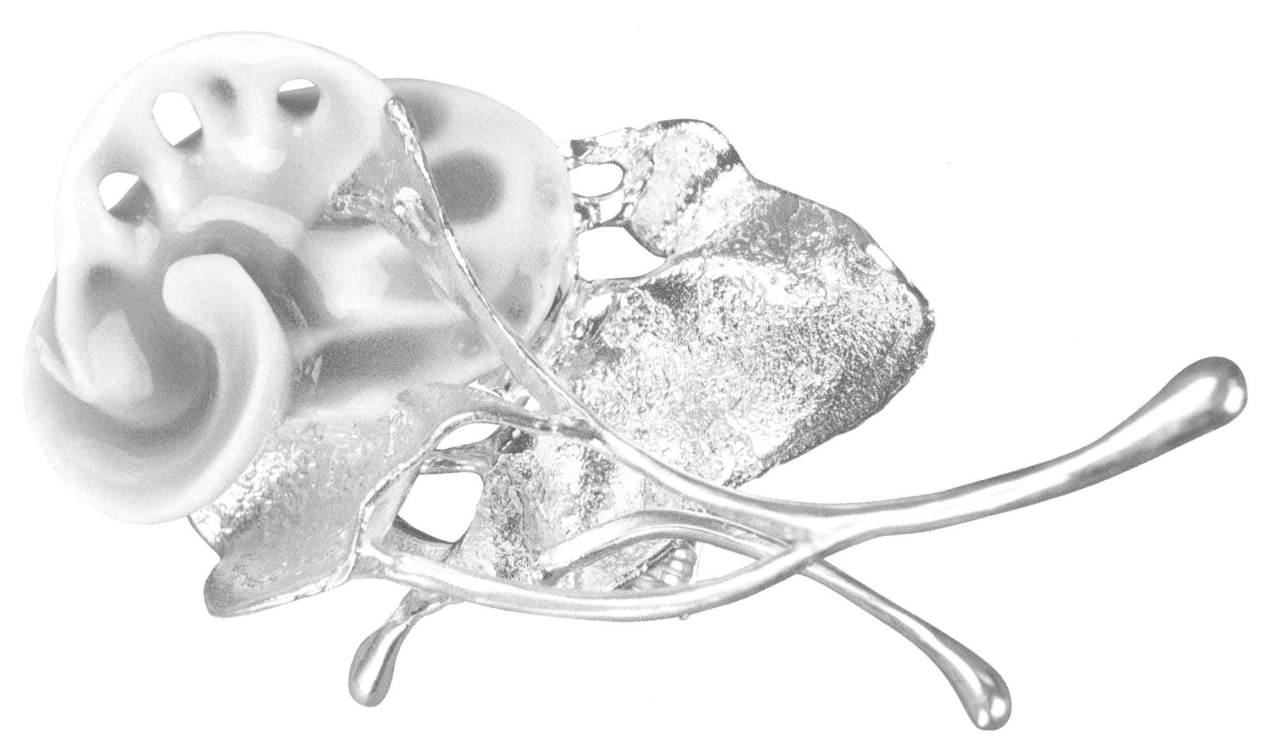

图书在版编目（CIP）数据

陶瓷首饰设计与制作 / 邹晓雯著. -- 南京：江苏凤凰美术出版社, 2023.7（2024.8重印）

ISBN 978-7-5741-1093-9

Ⅰ. ①陶… Ⅱ. ①邹… Ⅲ. ①陶瓷－首饰－设计②陶瓷－首饰－制作 Ⅳ. ①TS934.3

中国国家版本馆CIP数据核字（2023）第116247号

责 任 编 辑 孙剑博
责任设计编辑 王左佐
责 任 校 对 唐 凡
责 任 监 印 唐 虎

书　　名 陶瓷首饰设计与制作
著　　者 邹晓雯
出 版 发 行 江苏凤凰美术出版社（南京市湖南路1号 邮编：210009）
制　　版 江苏凤凰制版有限公司
印　　刷 南京大贺开心印商务印刷有限公司
开　　本 889mm × 1194mm 1/16
印　　张 9.75
版　　次 2023年7月第1版 2024年8月第2次印刷
标 准 书 号 ISBN 978-7-5741-1093-9
定　　价 62.00元

营销部电话：025-68155675 营销部地址：南京市湖南路1号
江苏凤凰美术出版社图书凡印装错误可向承印厂调换

前　言

本书是针对陶瓷艺术和设计专业或其他工艺美术类专业的学生学习陶瓷首饰或陶瓷配饰设计与制作所撰写的教材，本教材从陶瓷首饰的概念、发展现状、材料和工艺、设计方法、作品解析等方面，以笔者的教学和创作经验为依据进行梳理，尽可能全面地阐述和分析陶瓷首饰的设计和制作方法及其规律，旨在让学习者对陶瓷首饰的设计和制作形成认识，掌握一定的设计方法、制作工艺和技巧，并在创作实践中提高掌控陶瓷材料的能力和工艺语言的表达能力，能够发挥创新意识和创造性潜质，提升陶瓷首饰设计和制作的综合能力。

如果从陶瓷艺术的角度来看，陶瓷首饰可以看作陶瓷艺术的一种表达方式，设计者对材料、技术的驾驭遵循的是陶瓷艺术创作或设计的规律。作为陶瓷艺术范畴的陶瓷首饰设计，看似和现代陶艺、陈设类陶瓷艺术品有着较大的差异，呈现的艺术外在形式有着天壤之别，但是从材料、工艺以及造型规律和审美原则的角度来看，它们却“殊途同归”，都是通过使用材料、运用工艺、施展技法来塑造形态，展现“心中之美”。在陶瓷艺术的范畴里，并不会因为陶瓷首饰是装饰人本身，而大件陶瓷艺术作品是装饰环境，就认定它们在艺术的表达、追求上有所差别。对“美”“艺术性”的表达，都要借助材料、通过工艺制作表达思想和情感，展现对美的追求，最终将设计通过窑火凝固在烧结而发生质变的泥土中。

如果从首饰艺术的角度来看，陶瓷就是设计与制作首饰所需的一种材料，遵循着首饰设计和制作工艺的一般规律，而以陶瓷为材料的首饰，制作工艺却又和陶瓷工艺密切相关。因此，陶瓷首饰的设计和制作，不仅离不开陶瓷材料和工艺，也无法与金属加工工艺等首饰设计类材料和加工工艺割裂开来。无论从哪一个角度进行陶瓷首饰的设计与制作，陶瓷材料的性状和特点的体现、陶瓷工艺语言的表达都是必然的，而首饰的其他加工工艺与陶瓷首饰的结合不仅使陶瓷首饰的佩戴功能得以体现，而且为陶瓷材料提供保护，从而降低陶瓷材料易碎的风险。

虽然从材料的角度来看，陶瓷首饰无法体现奢华、昂贵的价值，但是它却能够通过材料所赋予的工艺语言，结合精良的设计，体现来自材料的材质美、出自技巧和方法的工艺美。陶瓷材料的性能、特殊的工艺手法和烧成工艺共同成就了陶瓷首饰的特点。柔软可塑的泥料、晶莹剔透而又色彩斑斓的釉料、压印或刻划等工艺方法以及丰富的彩绘装饰，可以体现出只有陶瓷材料和工艺才能创造的独特艺术魅力。

目 录

第一章
陶瓷首饰的发展概况

陶瓷首饰

陶瓷首饰的发展与现状

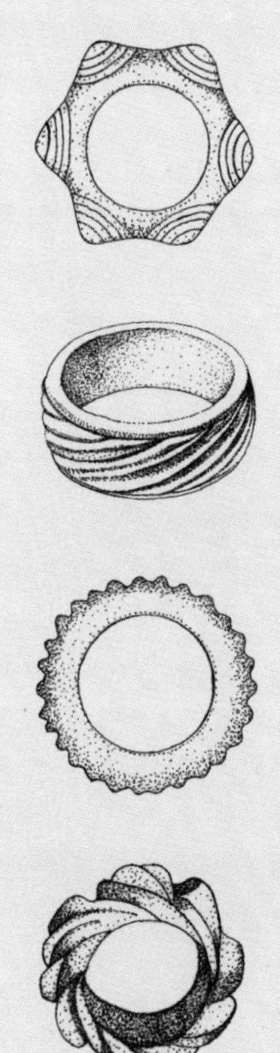

第一节 陶瓷首饰

一、首饰

在探讨陶瓷首饰时，对首饰及设计在概念、分类上的认识是必要的。“今天的人们习惯将身上佩戴的饰物统称为‘首饰’，并按照其所属材料加以命名。如：金、银首饰；翠、钻、珠宝首饰；陶瓷首饰；更有亚金、亚银首饰等。”[1]首饰，原本指戴在头上的装饰品。随着历史的发展，“首饰”所包含的范围已经超过我们对它的一般认识——贵重金属和宝石制成的首饰是身价的体现、身份的证明。

从首饰发展历史的角度可以将首饰分为传统首饰和现代首饰两大类。传统首饰“是指那些在历史发展中，在设计风格上有特点，或某些与有纪念意义的事件相关联的特殊人物佩戴过，或有着其他意义以及有收藏价值的首饰。传统首饰在大的概念上可以涵盖古董首饰，但如果从设计风格上来看，也可以理解为现代人设计的有传统风格的首饰，有人称之为‘复古首饰’；而我们可以把现代首饰理解为由现代人设计的、在风格上更符合现代人审美趣味的首饰。”[2]显然，陶瓷首饰作为首饰的种类之一，同样有传统和现代之分，只是传统陶瓷首饰由于其遗存数量有限，在传统首饰中不具有典型性，因此陶瓷首饰依据如今的发展面貌，可以将其归入现代首饰的行列。

首饰有“艺术首饰”“商业首饰”“时装首饰”之分，这一分类是以创作或设计目的、生产目的以及功能性为出发点的。从首饰的角度来看，陶瓷首饰也一定程度的符合这一分类方式。如果从陶瓷艺术的角度来看，依据创作或设计、生产方式，陶瓷首饰既是陶瓷产品的一部分，又可以成为陶瓷艺术创作的一种表达方式。

二、陶瓷首饰

何谓陶瓷首饰？这是一个看似很容易回答的问题，但是从哪个角度给出答案就变得有些复杂了。如果从陶瓷艺术的角度来看陶瓷首饰，那么它就应该是陶瓷艺术的一种表达方式、一种形式，对材料、技术的驾驭遵循的是陶瓷艺术创作或设计的规律；如果从首饰艺术的角度来看，陶瓷就只是作为首饰设计与制作的一种材料，遵循着首饰设计和制作工艺的一般规律，而以陶瓷为材料的首饰，其制作工艺又和陶瓷工艺密切相关。

陶瓷首饰从历史渊源来看，它并不是一个新的门类，早在原始社会就成为当时人类装扮身体的物件，和以石头、贝壳、动物骨头等材料制作的首饰几乎同时被创造出来，其中没有材料贵或贱的区分，只是它们源自自然且容易得到。陶瓷却因为材料的属性经过烧成后发生了质的改变，这其中又和制陶技术联系在一起。因此可以认为，陶瓷首饰是一种特殊的工艺造物，和陶瓷艺术密切相关，与首饰的形制、功能不可分割。

---

1 孙嘉英：《首饰研究与设计教学》，载《中央工艺美术学院艺术设计论集》，北京工艺美术出版社，1996，第188页。
2 郭新：《珠宝首饰设计》，上海人民美术出版社，2009，第9页。

图 1–1　陶瓷首饰。材料：陶瓷、金属配件。工艺：高温还原焰烧成。作者：夏怡

图 1–2　耳饰。材料：陶瓷、金属。工艺：高温氧化焰烧成、铸造。作者：刘慕君

陶瓷首饰，顾名思义是以陶瓷为材料或以陶瓷材料为主，采用陶瓷工艺制作的首饰，经过施釉烧成后与金属或其他材料和工艺结合形成具有装扮人体或与此用途相关的饰品。（图 1–1）陶瓷首饰在材料属性上没有贵重金属和宝石因为材料的稀有而具有的昂贵价值，它的流行和人们对首饰材料的认识发生改变有着一定的关系。在首饰设计行业，设计师对材料的应用不再局限于它们的稀有性，而是注重从设计的角度体现首饰的审美性、个性化、时尚感、情感化和思想性等。普通而常见的材料经过设计和工艺加工同样可以体现首饰超越材料自身价值的设计价值、艺术价值。制作陶瓷首饰的泥料是再一般不过的材料，但经过设计，发挥出陶瓷材料和工艺的特性，便展现出了陶瓷首饰的独特魅力。（图 1–2）

虽然陶瓷首饰在我国新石器时代就有其踪影，并且人类发展历史各个时期的陶瓷首饰均有被发掘或遗存，但我们对其却知之甚少，这与缺失历史文献记载有着莫大的关系。无论是陶瓷门类或是首饰门类，相关的历史文献都没有关于“陶瓷首饰”这一名称的记载。直至 21 世纪初，陶瓷首饰伴随着陶瓷艺术品市场的发展而开始在我国有所发展，“陶瓷首饰”这一概念才被关注。近些年来，在一些公开发表的论文中，有学者认为：“陶瓷首饰”这一独立的概念源于法国中南部城市利摩日[1]，和一位名叫贝尔纳多的陶瓷作坊主有一定关系。他是在试图改变陶瓷作坊的生存状况时转产陶瓷首饰而使他的陶瓷事业发展有了转机，并就此引领了陶瓷首饰在法国的发展。由于缺乏一手资料，此说法无从考证。但是，根据陶瓷首饰在欧洲的职业化发展趋势以及它在当今欧洲发展成为首饰的一个品种，可以判断上述说法有一定的道理。20 世纪 40 年代，因为战争的影响，英国著名陶艺家露西·里为了维持生计制作过大量的陶瓷首饰，还与当时的沃思（Worth）、施蒂贝尔（Stiebel）等品牌有过合作，制作了成百上千个陶瓷纽扣。因此，露西·里被朋友称为“维

1　利摩日，是法国中南部的一个城市，18 世纪以后成为法国陶瓷器制作中心，被称为法国陶瓷之都。

也纳来的做扣子的人”[1]。（图 1-3、图 1-4-1、图 1-4-2）由此可见，“陶瓷首饰”这一概念的出现与欧洲的陶艺家、陶瓷作坊主制作陶瓷首饰必然相关，陶瓷首饰的发展和陶瓷艺术从业者的关注是分不开的。

图 1-3　陶瓷项圈，露西・里（英国陶艺家）

三、陶瓷首饰的分类

从装饰部位、佩戴方式和功能的不同，我们可将陶瓷首饰分作发饰、耳饰、颈饰、胸饰、手链、手镯、戒指、纽扣等。根据陶瓷材料属性的特点，陶瓷首饰设计中，发饰涉及的品种主要有发簪，（图 1-5）耳饰可涉及的品种有耳坠、耳钉，（图 1-6）颈饰涉及项圈、项链、吊坠的设计和制作，（图 1-7-1、图 1-7-2）戒指一般涉及戒环、戒面。（图 1-8）这些饰物与胸饰、手镯、手链、纽扣等共同形成陶瓷首饰设计与制作的品类范畴。（图 1-9）陶瓷首饰通常是在陶瓷部分烧制后，再和金属、编织绳等其他材料结合，才可实现佩戴功能。

图 1-4 -1　陶瓷纽扣 1，露西・里（英国陶艺家）

用于制作陶瓷首饰的泥料一般有陶泥和瓷泥两大类。从所使用的泥料来看，陶瓷首饰可分为陶制首饰和瓷制首饰。在陶瓷首饰设计中，为了体现材料的变化，陶泥和瓷泥会同时出现在一件（套）陶瓷首饰中。从所使用泥料的角度对陶瓷首饰进行分类是相对而言的。（图 1-10、图 1-11）

如果将陶瓷首饰置于首饰这一大的概念范畴中，陶瓷首饰也有“艺术首饰”“个性化首饰”“商业首饰”等类型之分。对于“艺术首饰”类型的陶瓷首饰，艺术家的创作目的是通过陶瓷材料和工艺表达个人的艺术理念。从这一角度来说，陶瓷首饰是艺术家自我表达的媒介，不特意强调佩戴功能或实用性，而是更加注重作品思想性、艺术性的体现，

图 1-4 -2　陶瓷纽扣 2，露西・里（英国陶艺家）

1　（英）托尼・伯克斯：《陶瓷一生：露西・里》，彭程译，新星出版社，2017 年版，第 46、108 页。

图 1–5　瓷发簪。材料：瓷泥。工艺：高温还原焰烧成。作者：史林玉

图 1–6　瓷耳坠。材料：瓷泥、金属配件。工艺：捏塑，高温还原焰烧成。作者：不详

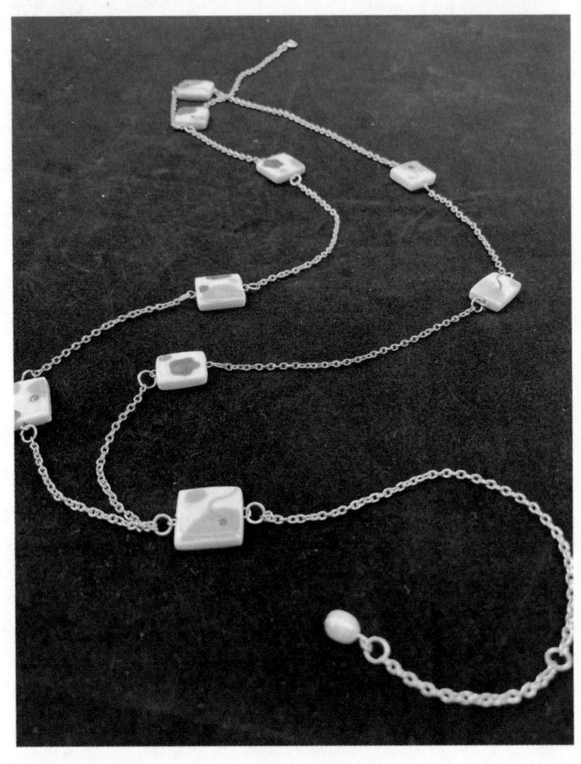

图 1–7–1　陶瓷项链。作者：不详。指导老师：李嫱

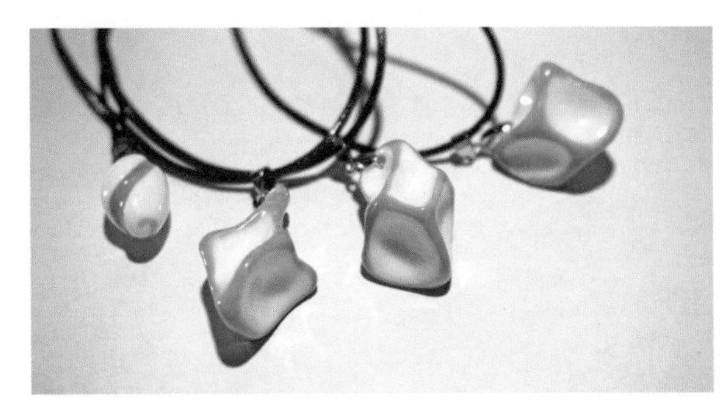

图 1–7–2　陶瓷吊坠。作者：洪燕

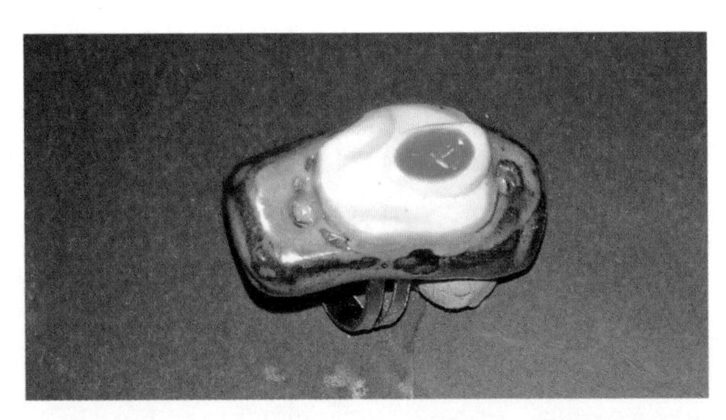

图 1–8　陶瓷戒指。材料：陶泥、瓷泥、金属配件。工艺：捏塑，高温还原焰烧成。作者：曹朵

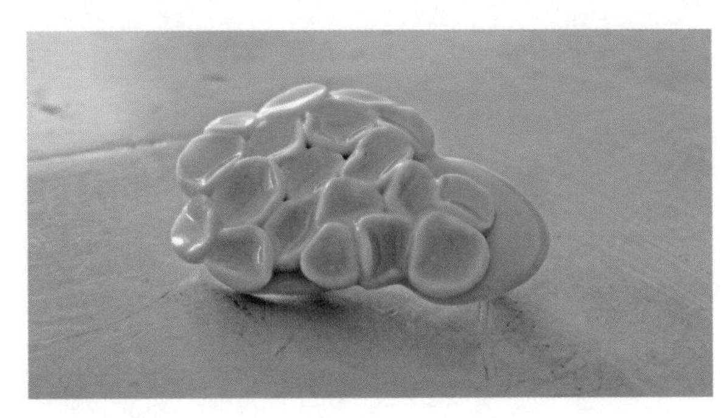

图 1–9　瓷胸饰。材料：瓷泥、金属配件。工艺：捏塑。作者：不详

图 1–10　陶制吊坠。材料：紫砂泥、编织绳。工艺：捏塑，抛光，中温氧化焰烧成。作者：邹晓雯

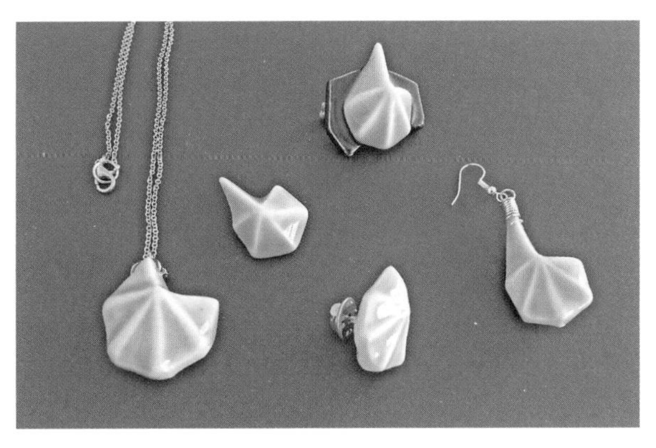

图 1–11 陶瓷首饰。材料：瓷泥、金属配件。工艺：泥塑，雕刻，高温还原焰烧成。作者：刘进

图 1–12 首饰。材料：瓷泥、银。工艺：捏塑，釉上描金，高温氧化焰烧成。作者：胡慧

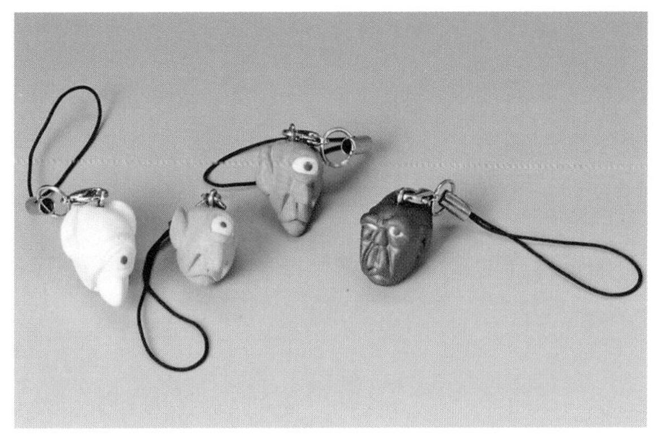

图 1–13 手机吊坠。材料：陶泥、瓷泥、高温色剂、编织绳配件。工艺：捏塑，高温还原焰烧成。作者：不详

图 1–14 陶瓷吊坠生产过程之补水（洗坯）

以首饰的形态承载一定的内涵和视觉传达出的感受。犹如现代陶艺中器皿形态只是创作者表达艺术理念、思想情感的载体，器皿的使用功能被削弱或放弃。（图 1–12）

个性化的陶瓷首饰通常是艺术家或设计师小批量制作或生产的具有独特设计风格的首饰，以满足小众消费者的需求。这类陶瓷首饰从制作工艺的角度来看并不适合批量化生产，它们更加强调创作或设计的原创价值。（图 1–13）

商业化的陶瓷首饰面向的是市场中的普通消费者。设计这类首饰时，在造型形态上，设计者需要考虑可实现批量化生产的工艺要求，并且具有较好的佩戴功能和体验，以此满足消费市场的需求。（图 1–14）

四、陶瓷首饰的特点

陶瓷首饰从所使用材料的角度上看，虽然无法具有金、银、宝石等材料制作的首饰那样奢华、昂贵的价值，但是陶瓷首饰却因为材料、工艺的特殊

性以及设计所赋予的特点，发展成为首饰类别中的重要成员之一。

陶瓷首饰的特点是借由材料和特殊的工艺语言结合精良的设计而得以体现的：泥料的塑造性能赋予陶瓷首饰的造型以无穷变化；釉料丰富的色彩和质感赋予陶瓷首饰独特的个性；色料通过彩绘工艺和纹样使得陶瓷首饰在美的基础上拥有了丰富的内涵；窑火的煅烧赋予陶瓷首饰坯质地的改变；设计则是实现陶瓷首饰审美意蕴的关键。

陶瓷首饰能够借由材料的特殊性能、制作工艺并结合精良的设计，体现自身的艺术价值、个性化审美、特殊品位。设计的手段和方法与陶瓷材料性能、特殊制作工艺、烧成工艺共同成就了陶瓷首饰的设计美、材料美、工艺美。

1. 设计美

设计对于陶瓷首饰而言是在材料、工艺有一定认识的基础上进行的审美创造，灵感、构思借由工艺对材料进行加工而得以体现，造型形态和结构、色彩、纹样、肌理等是展现设计之美的主要因素。这些因素都成了设计美的内容和形式。陶瓷首饰在材料价值上处于劣势，而好的设计则会消减材料的缺点和劣势，因此设计美对于陶瓷首饰来说是至关重要的，是设计价值、艺术价值得以体现的关键。好的设计可以超越陶瓷材料自身的价值，堪比金银、珠宝类首饰。（图 1–15）

2. 材料美

“九秋风露越窑开，夺得千峰翠色来”“雨过天晴云破处，者（这）般颜色做将来”“玲珑剔透万般好，静中见动青山来”……从这些赞美陶瓷的诗句中，我们可以感受到陶瓷艺术因为材料带给人们的审美心理感受。之于陶瓷首饰，材料是其本质属性。虽然它在首饰行列中因为泥料烧结后易碎而不是人们的最优选择，但是泥料性能、釉料丰富的色彩、光泽或肌理经过窑火的洗礼，幻化出的质感、色彩、纹样等是任何材料无法比拟的。（图 1–16）

3. 工艺美

工艺作为一种技术形态，对于陶瓷首饰而言，是具有美学价值的，它的美和造型的形式美、材料的质感美联系在一起。塑造工艺可以改变黏土的形态，运用或塑或捏等工艺塑造出陶瓷首饰的造型形态，或运用坯体装饰工艺在陶瓷首饰坯体上或刻或划，抑或运用彩绘工艺进行釉上彩绘或釉下彩绘装饰陶瓷首饰的造型，覆盖釉料的坯体经过窑炉的烧制工艺呈现丰富质感和多变色彩。这些都是运用工艺技术而实现的，是材料、技术、美感和谐共生的

图 1–15　陶瓷耳坠、吊坠。材料：瓷泥、青釉。工艺：捏塑，堆贴，高温还原焰烧成。作者：杨晨

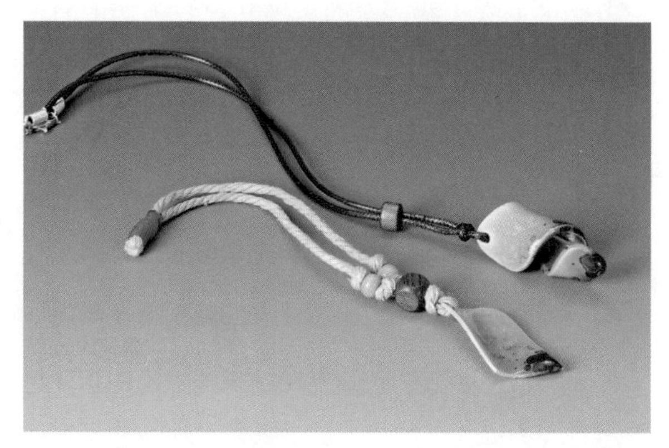

图 1–16　陶瓷吊坠。材料：瓷泥、花釉。工艺：捏塑，高温还原焰烧成。作者：俞成欧

图 1-17 瓷吊坠。材料：瓷泥、编织绳。工艺：捏塑，雕刻，高温还原焰烧成。作者：翟晴晴

结果。《考工记》中的“天有时，地有气，材有美，工有巧。合此四者，然后可以为良”，就明确指出了材料和工艺的关系。只有合理地利用材料，巧妙地运用工艺技术，才能发挥出材料自身的优点，达到理想的效果。陶瓷首饰可以说是水、火、土的融合，陶瓷材料经过工艺技术的作用，内蕴材质美和技艺美，正所谓“水火既济而土合”。（图 1-17）

第二节 陶瓷首饰的发展与现状

一、陶瓷首饰在我国的起源

无论是从陶瓷艺术发展的角度还是从首饰艺术发展的角度，关于陶瓷首饰的发展历史问题，在相关历史文献中都未见详细的文字记载，这给追溯和了解陶瓷首饰在我国的历史发展状况带来了极大的困难。推测其中的原因，一是在陶瓷艺术的范畴中，陶瓷首饰不被看作发展的主流形式，因而被忽视；二是在首饰艺术的范畴中，陶瓷材料在稀有材料不断被发现和利用的情形下，没有成为首饰设计和制作采用的主流材料，因而被忽略。虽然我们在历史文献中很难窥见陶瓷首饰的发展脉络，但是从不同时代的出土物和历史遗存中可以见到它的踪影。这也就说明陶瓷首饰在不同的历史时期都是存在的，只是我们无法从有限的历史遗存中对其发展历史进行系统而深入的分析和研究。

1. 新石器时代的陶镯

早在原始社会，先民就开始了简单的首饰设计实践。当然，这种实践很多是设计意识偶然迸发的结果。首饰的演变和发展与劳动有关，还与模仿自然、原始宗教崇拜、性禁忌、地位和权力的象征等有关。

新石器时代的先民已经学会了利用所掌握的制陶技术制作陶瓷首饰。在我国许多新石器时代的遗址发掘中，如：距今六千年左右的半坡遗址、山东曲阜西夏侯新石器时代遗址，考古学家均发现了陶环、石镯等古代先民用于装饰手腕的镯环。处于大汶口文化时期的人们特别钟爱佩戴手镯。发掘的山东兖州王墓地中一位女墓主的双臂上佩戴有多达 23 只陶镯。“远古时期的手镯多以天然材料制成，有陶、石、牙、骨、玉和蚌类等。仰韶文化、龙山文化多用陶镯。”[1] 陕西西安新石器时代遗址中发现的陶环，其“外壁被制作出各种有趣的装饰，有八角状、多角状、齿轮状”[2]。（图 1-18）作为串珠装饰的材料，陶珠也常被发现。“在安徽潜山薛家岗遗址出土的 69 枚刺有纹饰的陶珠，是现今发现的最为精美的陶饰品。（图 1-19）这些圆球形陶珠的中部都是空的，里面还装有小陶丸，摇动时能发出响声。陶珠的外表刺有各种美丽的纹饰，有的还用镂空的方法刻出

1 王苗：《珠光翠影：中国首饰史话》，金城出版社，2012，第 33 页。
2 同上书，第 35—36 页。

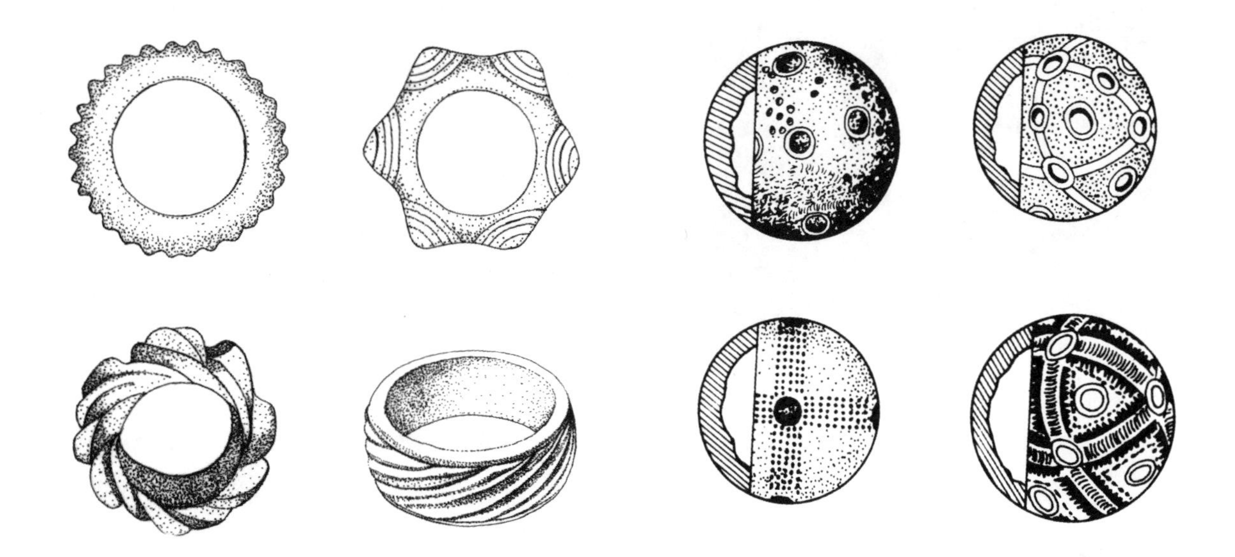

图 1–18　陕西西安新石器时代遗址中发现的陶环，王苗绘

图 1–19　安徽潜山薛家岗遗址出土的 69 枚刺有纹饰的陶珠，王苗绘

一个或多个圆孔，最多的竟达 36 孔，玲珑精巧。”[1] 从这些发掘出土的陶制饰物中，我们可以看出原始先民不仅具有高超的制陶技术，而且在饰物的形制、装饰上借由工艺进行着审美表达，反映了他们希望装扮自己的诉求。

2. 战国时期的陶胎琉璃

琉璃的生产早在先秦时期就已经形成了规模。早期琉璃多为各种珠、管、环、璧、耳珰等制品，早期琉璃制品被称作“璆、琳、琅玕”。

公元前 5 世纪，琉璃在中国出现，“蜻蜓眼”琉璃珠流行。“蜻蜓眼”是当今学界对春秋战国时期的琉璃珠饰进行的统一命名。春秋末年，“蜻蜓眼”琉璃珠从亚洲西部通过陆路输入中原，是当时贵族们钟爱的饰物。“在古代的墓葬遗址中，发现了西周、春秋战国时期的琉璃器 2000 多件（‘蜻蜓眼’珠有千余件），其中有许多都是用来做项链的。在湖南、湖北的战国楚墓、曾侯乙墓，河北平山战国中山王陪葬墓，山东曲阜鲁国故城，河南辉县固围村，以及内蒙古自治区等地都发现了许多美丽的琉璃珠，形状有圆形、扁圆形、多角形、管状和管状多角形等，成串的琉璃珠饰也多有见到。”[2]（图 1–20–1、图 1–20–2）战国时期的琉璃珠多为陶胎，是以含铅、钡的硅酸盐混合物（类似釉药）在陶胎上绘制纹样，再入窑烧制。战国早期“蜻蜓眼”均是内胎为陶，外层为琉璃质。（图 1–21）战国中晚期，考古发现数量最多的是“蜻蜓眼”琉璃珠。之所以称“蜻蜓眼”，是因为琉璃珠上装饰有多种颜色的圆圈并呈凸起状，酷似蜻蜓的眼睛。珠子上少的分布有两三个，多则八九个“蜻蜓眼”。琉璃珠出土以两湖最为集中，楚国王公贵族对“蜻蜓眼”琉璃珠甚是喜爱，且应用较广，从人物装饰到器物装饰再到墓葬装饰等。当时的人们佩戴“蜻蜓眼”琉璃珠主要是为了辟邪。“蜻蜓眼琉璃珠是‘眼睛文化’的产物。‘眼睛文化’发源于西域印度，盛行于草原文明，那里的人们相

1　王苗:《珠光翠影：中国首饰史话》，金城出版社，2012，第 32 页。

2　同上书，第 112 页。

信眼睛有辟邪的功能。"[1]

有外国学者指出，"蜻蜓眼"琉璃珠是在公元前7世纪之前由腓尼基人发明的，后在西亚、中亚、北非等地流行开来，经由丝绸之路舶入我国后于战国时期形成自己的特色。"蜻蜓眼"琉璃珠到汉代逐渐消失，其中的原因可能与当时战乱的社会背景以及琉璃珠自身质地轻脆易碎有着一定的关系。宋代《石雅》中描述琉璃珠"色甚光鲜，质则轻脆"，就提到琉璃珠质地轻脆。

图1-20-1　战国时期的琉璃珠串

从大量出土的战国时期的陶胎琉璃珠来看，虽然它们在风格上具有西域的特征，但是在材料上实现了自产。战国时期生产的陶胎琉璃中，琉璃的主要成分和当时低温釉陶的釉料极为相似，都以铅的化合物作为助熔剂。琉璃与陶胎的结合，从材料和工艺的角度可以认定陶胎琉璃是古代陶瓷首饰的一种。

图1-20-2　战国时期琉璃珠

湖南长沙大圹坡西汉墓出土的琉璃珠和战国时期有所不同，釉色独特为汉绿釉，质感、色彩似玉。湖南长沙伍家岭汉墓中有陶瓷珠出土，其中一枚是多角状无釉珠，一枚呈瓜形施有透亮的绿釉。此两件珠子的胎体均为纯白色，从胎质色泽判断极有可能是瓷珠。

观察新石器时代的陶镯、战国时期的陶胎琉璃，我们可以得见陶瓷首饰在我国起源的初貌。尔后的中国历代，与陶瓷首饰相关的出土物和遗存较少，无法从文献中获取有用信息对其发展面貌进行全面、深入的分析。但是从零星的遗存物中可以断定，陶瓷材料的首饰一直存在，只是没有受到考古界、学界的关注和重视，缺少文献记载和研究。

图1-21　战国陶胎琉璃"蜻蜓眼"珠，加拿大安大略博物馆藏

3. 其他历史时期陶瓷首饰的"身影"

唐代长沙铜官窑中小型动物雕塑非常常见，生

1　王进：《女娲的遗珍：琉璃》，重庆出版社，2008，第36页。

图 1–22　青釉褐彩小鸟、青釉褐绿彩辟邪、青釉褐绿彩小人、青釉褐绿彩小狗，唐代长沙窑

图 1–23　白瓷串珠，唐代邢窑，2017 年拍摄于邢台市临城县

图 1–24　青白釉捏塑小狗，宋代景德镇湖田窑

动有趣的造型是当时人们在日常生活中与动物之间关系的一种反映。一些小型动物雕塑造型上有系纽结构，尤以鸟形雕塑中多见。从圆环状系纽结构可以判断，它和挂件有着一定的关系。据说这类器物是渔民捕鱼坠网之用。也有的说是陶瓷玩具。但是否可以推断当时的人们会把它们用作挂件来装饰身体呢？（图 1–22）我们从这件出土的邢窑白瓷串珠中可以得见唐代邢窑生产过陶瓷饰物。这件串珠中的白瓷珠呈棱瓜状，有褐釉瓷珠间隔于白瓷珠中，吊坠为玉珠和黑色玛瑙组合而成。（图 1–23）

宋代是中国陶瓷艺术发展中极为重要的时期。在继承唐代形成的“南青北白”陶瓷生产格局的基础上，它发展出著名的五大名窑：官窑、汝窑、定窑、钧窑、哥窑。青釉是宋瓷发展的重点，其审美受玉器质感的影响，无论是北方窑口还是南方窑口的青瓷，都呈现这样的审美特质。民窑青瓷在形制、釉色、质感上对玉器的模仿，和当时人们对玉器的喜爱是分不开的，而玉器的珍贵对于普通人而言是无法拥有的，以瓷器模仿玉器则可以实现人们的这一愿望。从出土的宋代瓷珠、瓷牌中，我们就可以看到青釉与瓷胎结合烧成后反映出来的对玉质饰品的模仿和审美体现。陶瓷珠串、瓷牌、小型雕塑摆件等饰物在宋代景德镇湖田窑中有过生产，这类陶瓷饰物通常施以青白釉。（图 1–24）

从历史遗存物中，我们可以看到清代景德镇的青花、粉彩、古彩等彩绘工艺皆有涉足陶瓷饰品的制作。陶瓷饰物主要涉及的类型有珠子、扳指、牌类造型、吊坠等。（图 1–25）尤其值得注意的是流行于清代的陶瓷斋戒牌，多以粉彩或珐琅彩加以装饰。斋戒牌是清代皇帝及文武官员祭祀时挂于身上的警示牌。斋戒之日，皇帝与王公大臣也必须佩戴斋戒牌。清皇室成员佩戴的斋戒牌均由清宫造办处的能工巧匠精心制作。斋戒牌的材料多种多样，通

图 1-25-1　青花彩绘瓷珠，清代

图 1-25-2　粉彩珠子，清代

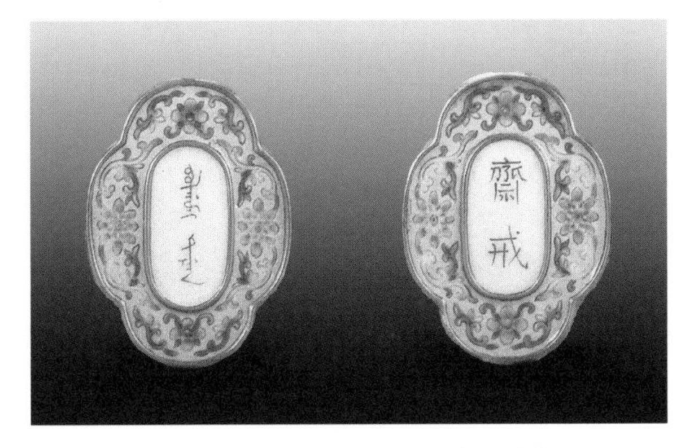

图 1-26　粉彩斋戒牌，满族人在斋戒期间佩戴的饰物，清代

常以贵重材料加工而成，而陶瓷作为廉价材料因为珐琅彩、粉彩精致的工艺也成为当时斋戒牌中的一种。（图 1-26）

虽然我们无法从有限的历史遗存物和鲜有的文献资料中系统展现中国历代陶瓷首饰的面貌，但是可以认定陶瓷首饰一直都是存在的。

二、陶瓷首饰的发展现状和在市场中存在的问题

1. 发展现状

20 世纪 70 年代，以陶瓷为材料设计并制作首饰在欧洲开始成为一种发展趋势。在首饰设计、陶瓷艺术领域，设计师们关注陶瓷材料在首饰设计中的应用。德国从事陶瓷首饰设计的设计师有克劳斯·戴姆布郎斯基、皮埃尔·卡丁、巴巴拉·戈泰夫、派特里斯·马丁森斯等。他们有的在任教院校从事陶瓷首饰的设计与研究；有的专业从事陶瓷首饰设计；有的拥有个人设计事务所，不仅进行陶瓷首饰设计，还从事金银饰品的设计。

陶瓷首饰在韩国、日本也有一定程度的发展。尤其在韩国，陶瓷首饰较为流行。许多陶艺家从事陶瓷首饰的设计和制作，并策划举办了专门的陶瓷首饰展览。

我国的陶瓷首饰虽然于彩陶时期就已经存在，但是它并没有成为陶瓷发展历史中的重要组成部分，也没有成为主流发展的陶瓷品种。回顾陶瓷艺术的发展历史，它经历了从实用上升到审美这样一个过程，而审美意义的体现通常是依附于实用类器皿造型，或者是从实用器皿造型中延伸发展而来的纯审美造型上的。这些丰富的造型形态与各种陶瓷材料工艺、釉料工艺、色料工艺、装饰手段共同构成陶瓷艺术存在和发展的主流。我们对陶瓷门类的认识也是基于陶瓷的这种发展趋势，因此不难理解陶瓷首饰在整个陶瓷发展历史中的地位。而首饰作为独

立的艺术、工艺门类有着自身的发展规律，材料有玉石、玛瑙、翡翠、钻石、黄金、白金、白银等，工艺有切、割、雕、刻、磨、锻、铸、镶、包等技术，都呈现出长足的发展。材料的珍贵稀有成为首饰文化的重要因素。人们拥有珍贵稀有材料制作而成的首饰，不仅是为了装饰身体，更重要的是具有体现身份的象征意义，这是以陶瓷为材料的首饰所不具备的。另外，在外力的作用下易碎是陶瓷材料致命的弱点。和贵重金属的柔韧度相比，陶瓷首饰在首饰的发展进程中不具备优势也就不难理解了。而历代以陶瓷为材料的首饰出现在人们的生活中，也只是为了表达一种对装饰身体的个性化审美意义，不具有一般性。因此，在中国陶瓷发展历程中鲜见陶瓷首饰的发展脉络。

有关陶瓷首饰在我国发展情况的分析，可以追溯至20世纪的90年代初。据笔者了解，那时零星有一些艺术院校的陶瓷艺术专业教师或毕业学生，进行过陶瓷首饰的设计和制作。他们多是以陶瓷艺术创作为主，闲暇时进行陶瓷首饰的制作，以满足少数人或圈内人个性化的审美需求，没有进入市场。当时陶瓷艺术品市场不像如今所见的发展面貌，国内艺术品收藏界对陶瓷艺术品没有形成足够的认识。当时的人们对首饰的认识还停留在传统首饰的范畴里，认同贵重金属和宝石的价值，对以廉价材料为媒介的首饰制作缺乏接受度，对陶瓷首饰的认识也是如此。

20世纪90年代初期，陶瓷首饰在市场上的发展初见端倪，广东珠海的陶瓷首饰品牌“杜马之链”，可以说是那个时期陶瓷首饰从品牌到生产与销售的一个典型代表。这一品牌的陶瓷首饰是以中温色泥为材料，采用捏塑、堆贴工艺制作出的具有个性特征的陶瓷珠，并以组合的方式串成项链、手链等饰品。产品进行批量生产，曾经在北京等地较为风靡，后有大量仿制品在小商品批发市场中出现。由于材料、品类及样式单一，制作工艺粗糙，这些仿制品很快便退出了市场。（图1-27-1、图1-27-2）

步入21世纪，陶瓷首饰在陶瓷产区呈现出过去不曾有的发展面貌，其中景德镇的陶瓷首饰发展尤为突出。虽然陶瓷首饰的发展面貌不具有媲美稀有材料首饰的发展状况，但是随着人们的审美发生变化，他们对首饰材料、工艺的认识也发生了改变。陶瓷首饰所具有的个性化、独特性、低廉的价格等特点，成为年轻人追求个性化审美的一种选择。

景德镇陶瓷从21世纪初开始进入一个新的发展时期。艺术瓷的发展非常活跃，呈现出前所未有的繁荣。无论是景德镇本地固有的传统陶瓷艺术形式，

图1-27-1 “杜马之链”，陶瓷项链

图1-27-2 “杜马之链”，陶瓷手串

图 1-28-1 陶瓷首饰。材料：瓷、银。作者：凡华造物

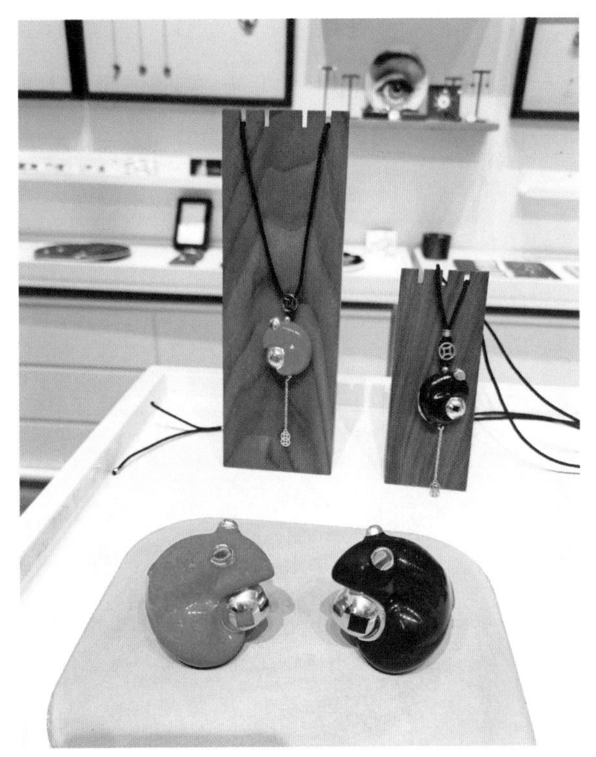

图 1-28-2 陶瓷首饰。材料：瓷、编织绳。作者：凡华造物

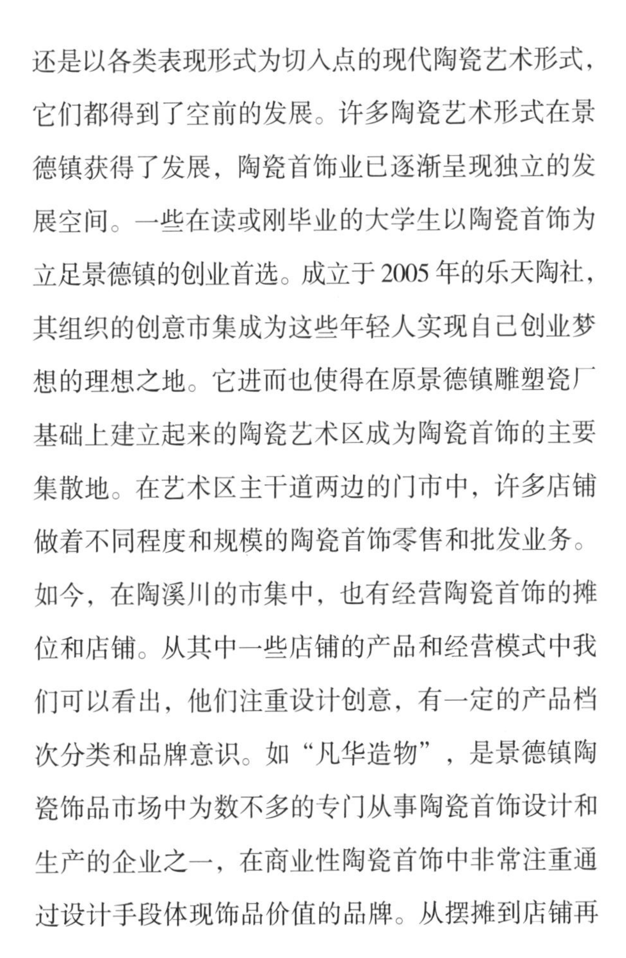

还是以各类表现形式为切入点的现代陶瓷艺术形式，它们都得到了空前的发展。许多陶瓷艺术形式在景德镇获得了发展，陶瓷首饰业已逐渐呈现独立的发展空间。一些在读或刚毕业的大学生以陶瓷首饰为立足景德镇的创业首选。成立于 2005 年的乐天陶社，其组织的创意市集成为这些年轻人实现自己创业梦想的理想之地。它进而也使得在原景德镇雕塑瓷厂基础上建立起来的陶瓷艺术区成为陶瓷首饰的主要集散地。在艺术区主干道两边的门市中，许多店铺做着不同程度和规模的陶瓷首饰零售和批发业务。如今，在陶溪川的市集中，也有经营陶瓷首饰的摊位和店铺。从其中一些店铺的产品和经营模式中我们可以看出，他们注重设计创意，有一定的产品档次分类和品牌意识。如“凡华造物”，是景德镇陶瓷饰品市场中为数不多的专门从事陶瓷首饰设计和生产的企业之一，在商业性陶瓷首饰中非常注重通过设计手段体现饰品价值的品牌。从摆摊到店铺再到门店，“凡华造物”于 2017 年创立品牌并扩大规模生产和经营。它有专业的设计团队和企业管理团队，如今在上海、南京、广州、深圳等地设有专柜或门店。（图 1-28-1、图 1-28-2）

陶瓷首饰除了用泥料按照一般陶瓷工艺完成首饰主体部分的制作之外，以古瓷片为主体与金属工艺相结合也是近些年市场中常见的陶瓷首饰类型。这类陶瓷首饰在发展初期多是将古瓷片按照传统金银珠宝首饰的形制进行制作，缺乏用心的设计，金属加工工艺也较粗糙。如今，随着设计的发展、金属加工工艺的价值被认识，这类古瓷片首饰开始朝着借助设计手段来体现古瓷片更高价值的趋势发展。其中“忆千年”这一品牌的古瓷片陶瓷首饰，在景德镇同类饰品中就具有精细的金属加工工艺和体现时代感的设计理念，是同类饰品中的佼佼者，使承载着陶瓷艺术文化的古瓷片经过精心的设计和加工展现出新的价值。（图 1-29-1、图 1-29-2、图

1-30-1、图 1-30-2）

随着陶瓷艺术品市场的发展，陶瓷艺术及其文化价值逐渐被认识，人们对陶瓷材料和工艺也形成了一定程度的认识。伴随着陶瓷艺术品市场的火热发展，如今许多历史名窑所在地或多或少地有涉足陶瓷首饰设计和制作的作坊、工作室。据笔者了解，景德镇之外的陶瓷产区，如：浙江龙泉、江苏宜兴、河北曲阳、河南禹州、福建德化等产区，都有以当地陶瓷材料和工艺从事陶瓷首饰设计和制作的作坊和个人工作室。龙泉相对其他产区（景德镇除外），从事陶瓷首饰制作的厂家和作坊较多。大约自 2014 年起，龙泉政府开始把目光转向陶瓷饰品的发展，定期举办青瓷饰品创新设计大赛，大力引导陶瓷首饰从业者创建品牌。在 2019 年由当地政府主办的全国青瓷饰品创新设计大赛中，有近 20 家青瓷饰品品牌参与。（图 1-31-1、图 1-31-2、图 1-31-3）大赛收集的 192 件（组）作品多来自浙江，其中龙泉本地居多。龙泉陶瓷饰品主要是以当地各类青釉为表现对象，突出青釉“类玉”的色彩和质感。多数厂家或个人工作室立足展现青釉釉料的色彩和质感，也有在坯体装饰的基础上与青釉釉料结合，通过高低起伏的坯体装饰而呈现釉料的深浅变化所带来的审美感受。这一类的陶瓷首饰通常与金属材料和工艺结合，与木珠或其他石料配件结合，综合而成的整体造型注重首饰化特点。（图 1-32）部分产品有将釉珠替代贵重宝石的意图，将其镶嵌于金属材料的结构件中。（图 1-33-1、图 1-33-2）

近年来，首饰业界的一些奢侈品牌也关注以陶

图 1-29-1　青花古瓷片

图 1-29-2　陶瓷吊坠。材料：青花古瓷片、银。作者：忆千年

图 1-30-1　霁蓝釉古瓷片

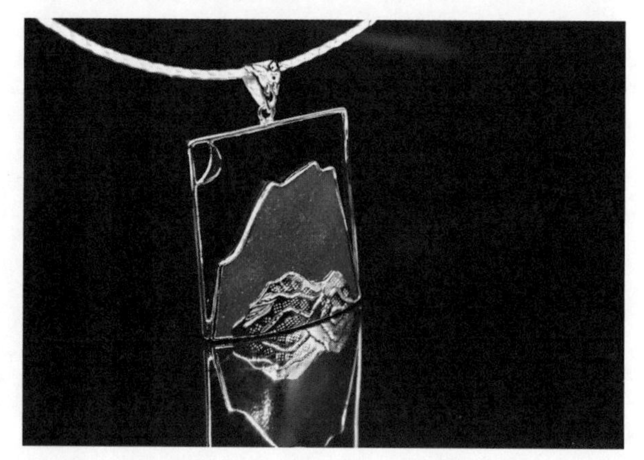

图 1-30-2　吊坠。材料：霁蓝釉古瓷片、银。作者：忆千年

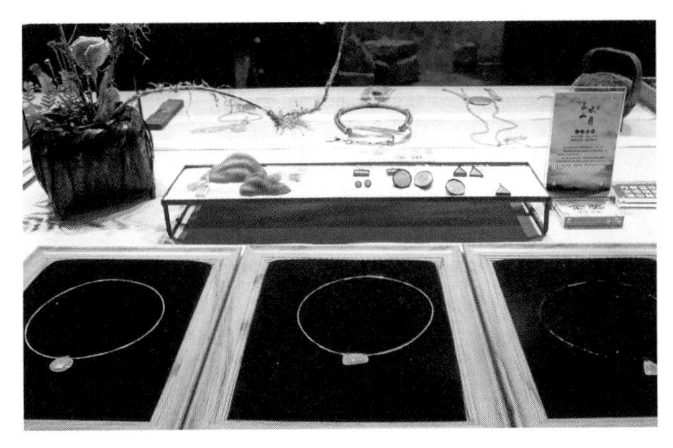

图 1-31-1　2019 年全国青瓷饰品创新设计大赛获奖作品

图 1-31-2　2019 年全国青瓷饰品创新设计大赛获奖作品

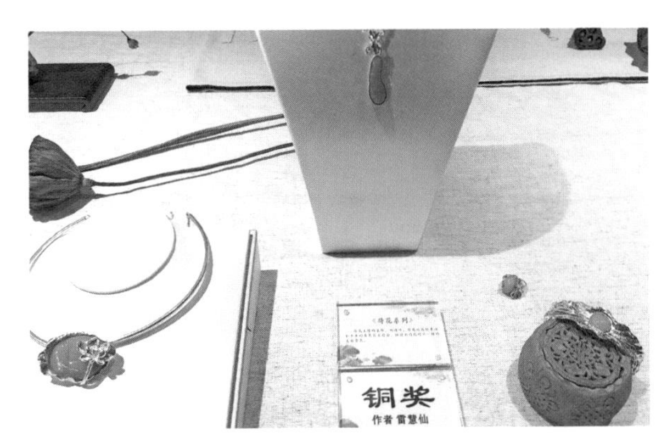

图 1-31-3　2019 年全国青瓷饰品创新设计大赛获奖作品

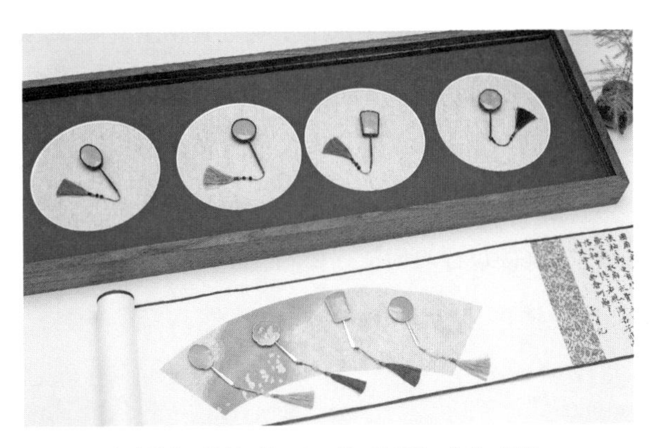

图 1-32　陶瓷首饰。材料：瓷、木、银、编织绳。作者：吴哲

瓷为材料设计和制作的陶瓷首饰，如：宝格丽、卡地亚、蒂芙尼、香奈儿等。这些品牌的陶瓷首饰材料多为氧化锆陶瓷，属于精密陶瓷材料。其加工工艺较为特殊，通常是将经过 1400℃高温烧制的陶瓷坯体进行数道精密加工和多次打磨抛光工艺，再结合镶嵌工艺与贵重宝石或钻石结合。从材料和加工工艺的角度来看，这些品牌的陶瓷首饰属于高科技的产物，虽然和陶瓷材料有关，但是和运用一般陶瓷材料设计和制作的陶瓷首饰有一定的差别。（图 1-34）

如今，我国有近 40 所艺术院校设有首饰设计专业。随着具有专业教育背景的首饰设计人才数量增加，专门从事首饰设计的艺术家日渐增多，这也促进了我国首饰设计的发展。随着首饰设计呈现泛材料化的趋势，可选择的材料变得多元，首饰设计更加注重创意的体现、艺术性的表达。国内许多从

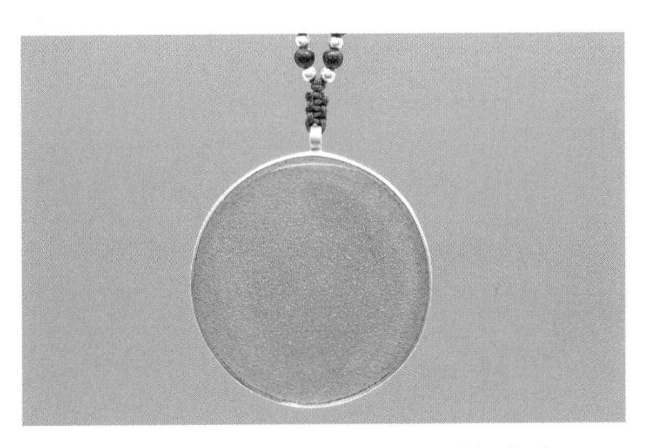

图 1-33-1　陶瓷吊坠。材料：瓷、青釉、银、木珠。作者：林丽红

图 1-33-2　陶瓷吊坠。材料：瓷、青釉、银。

图 1-34　某奢侈品牌陶瓷首饰

事首饰设计和加工的个人工作室近些年来开始关注陶瓷材料在首饰设计中的应用。这些首饰设计工作室并非单纯专门从事陶瓷首饰的设计，多以陶瓷作为首饰设计的材料之一，并结合金属加工工艺进行陶瓷首饰的设计与加工。作品在突出首饰化特征的基础上体现一定的艺术性和设计感。（图 1-35、图 1-36）

2. 市场中陶瓷首饰存在的问题

21 世纪初至 2015 年前后，陶瓷首饰的制作和销售主要集中在景德镇。从当时陶瓷饰品市场的产品形式来看，其中存在的问题主要体现在：产品过于商品化、低端化，制作工艺粗糙；缺乏品牌创意发展、产品档次分类；缺乏设计创新和成熟的艺术风格，存在模仿、抄袭的现象；陶瓷首饰的“设计价值”“艺术价值”没有得到很好的体现；陶瓷饰品的设计和生产以小型工厂、作坊或工作室形制为多，多数规模不大，以批发或零售的方式进行销售。一些具有设计能力的院校毕业生，在陶瓷首饰设计和生产中虽然注重设计价值、艺术性的表达，但是缺乏推进市场形成量化生产的意识，产品多单纯从陶瓷材料和工艺出发，缺乏与金属加工工艺结合起来的整体设计和加工。

图 1-35　《虚 . 影》系列胸针之一。材料：陶瓷、纯银。工艺：高温烧制、掐丝。作者：宁晓莉。

作品以瓷泥为材料制作出胸针的主体结构，利用中国传统花丝工艺构造出作品的整体结构和功能。作品设计灵感源于“花”的印象，陶瓷的花朵造型是在塑造、施釉后烧成的胎体上采用釉上装饰材料和工艺描绘出形象的细节和柔和的色彩；花丝的部分突破传统花丝形制的程式，进行了新的探索和尝试。纯银花丝结构围绕着陶瓷结构延续和伸展，作品在精致而细致的工艺烘托下使得创作意图和主题愈加鲜明，作品中陶瓷和纯银材料完美地融合，呈现出强烈的个人风格。

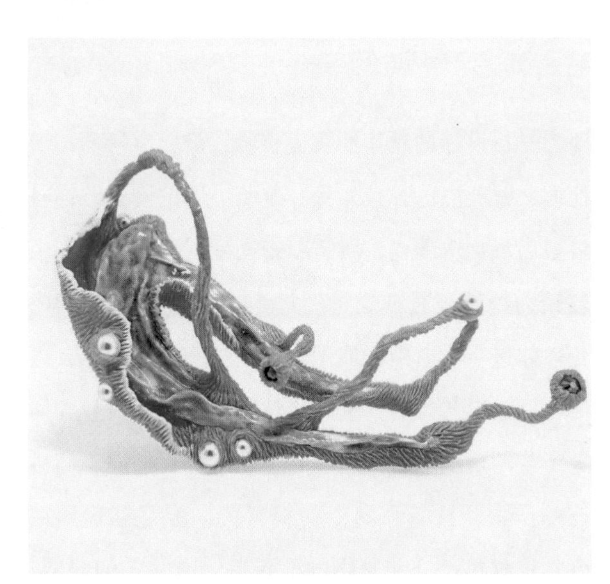

图 1-36　《熵》系列胸针。材料：陶瓷、树脂。作者：刘慕君

在这组作品中，作者尝试将 3D 打印树脂与陶瓷材料相结合。与金属相比，轻便的树脂材料在重量方面有着很大的优势，这使得陶瓷首饰可以进行更大体量的创作，同时不影响佩戴的舒适度。在作品形态方面，3D 打印通过扫描、建模、手工微调等方法，可以与陶瓷材料产生质感比对上的互动，从而在形态上有更加立体而丰富的视觉效果。树脂材料包裹着陶瓷结构，最大限度地实现了对陶瓷材料的保护。

第二章
陶瓷首饰的材料

泥料

釉料和色料

综合材料

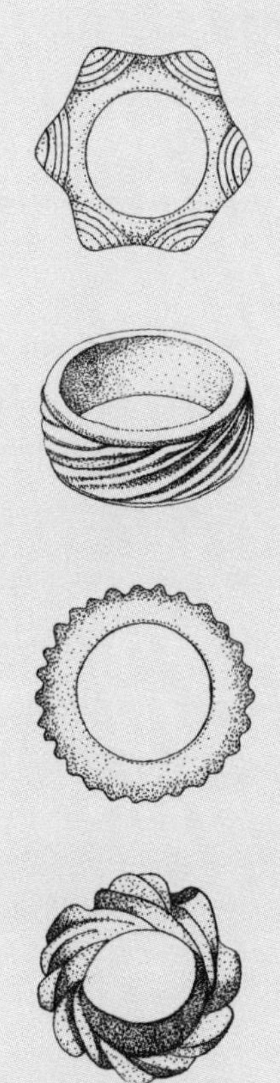

随着首饰材料的多样化发展，陶瓷首饰呈日渐流行的趋势，以陶瓷为材料设计和制作的首饰开始得到首饰设计界的关注。陶瓷首饰从材料自身角度而言，和陶瓷艺术或设计领域使用的材料是一样的，泥料是陶瓷首饰的主体材料，釉料、色料是进一步美化陶瓷首饰的主要材料。作为首饰界中的一员，陶瓷首饰离不开对其他材料的运用，金、银、人造材料等都可以成为介入陶瓷首饰设计和制作的材料。这些材料的使用，不仅可以凸显陶瓷首饰的佩戴功能，也是实现陶瓷首饰多样化视觉审美的方法和途径。

第一节 泥料

制作陶瓷首饰的泥料主要有陶泥和瓷泥。陶泥从材料的精细程度上可以分作粗陶和精陶两大类。瓷泥由于所含高岭土纯净度的不同以及配方组成的差异，有普通泥、中白泥、高白泥、玉泥等品种之分。从现有的陶瓷首饰来看，高白泥是使用最为广泛的泥料。

一、陶泥

陶泥，是一种具有良好塑造性能的黏土。陶泥中，Al_2O_3 含量较低，SiO_2、Fe_2O_3 含量较高，烧成后有的呈浅灰色，有的呈黄褐色，有的呈红色或红紫色。一般来说，用陶泥制作的器物称为陶器，多数陶泥烧成后质地粗松、易渗水，通常需要与釉料结合。（图 2-1）宜兴的紫砂泥是陶泥中非常具有特点的材料，它质地细腻且具有良好的塑造性能，在器物成型中经过抛光工艺处理后，表面光滑而无须施釉，烧成后器表光滑润泽，具有透气但不渗水的特点。紫砂泥所具有的良好塑造性能使其成为制作陶瓷首饰很好的材料。利用紫砂泥的塑造性能，我们可以制作出造型、结构较为复杂的形态，赋予陶瓷首饰丰富的造型语言。以紫砂泥为材料制作的陶瓷首饰，具有材料质感所赋予的自然、古朴的韵味。（图 2-2-1、

图 2-1 陶泥

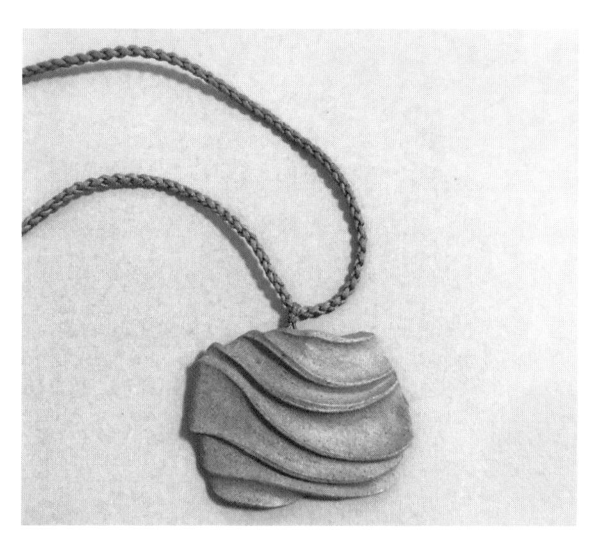

图 2-2-1 紫砂吊坠。材料：紫砂泥、编织绳。工艺：捏塑，堆贴，压光。作者：蒋雍君

图 2–2–2）

陶泥的烧成温度一般为 800℃—1200℃，不同产区的陶泥烧成温度有所差异。紫砂泥烧成温度一般为 1160℃—1180℃；云南建水紫陶、广西钦州坭兴陶烧成温度一般为 1150℃—1200℃；石湾陶泥的烧成温度可高达 1250℃；普通陶泥烧成温度一般为 800℃—1100℃。景德镇的陶泥中，高岭土含量较高，可以和瓷泥同窑烧成，有的烧成温度达 1300℃—13200℃。从烧成温度来看，这类泥料应该不属于严格意义上的陶泥。

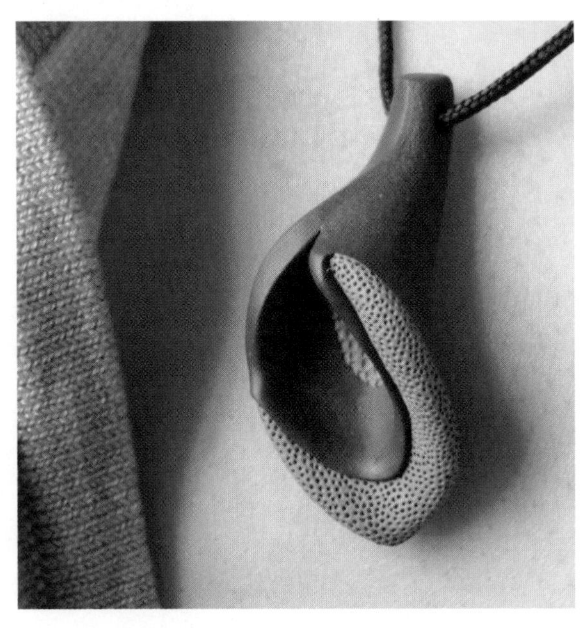

图 2–2–2　紫砂吊坠。材料：紫砂泥、编织绳。工艺：捏塑，堆贴，压光。作者：邹晓雯

二、瓷泥

瓷泥的成分主要为高岭土，高岭土含铁量低，色白且细腻，因此用瓷泥制成的坯体经过高温烧成之后，质地坚硬而细腻、色白而透亮，吸水率不足 1%，或不吸水。瓷泥的烧成温度一般为 1260℃—1320℃，陶瓷产地因为高岭土产地的不同，瓷泥的烧成温度、烧成气氛有所不同。瓷泥因配方的差异，塑造性能也有一定的差别。（图 2–3）

图 2–3　瓷泥

在景德镇，瓷泥的种类较为丰富，有特白泥、高白泥、普通泥等之分。瓷泥白度越大，Al_2O_3 含量越高，相应地，可塑性就会差一些。瓷泥相对陶泥而言，塑造性能略差但质地白而细腻，烧成后无光泽，因此需经过施釉工艺的处理，才能展现瓷泥的质地之美。随着材料制备技术的提高，有些瓷泥不施釉也具有较好的光润感。瓷泥因其具有的质感和特点成为陶瓷首饰设计和制作的主要选材。如今市场中的陶瓷首饰，多数是以瓷泥为材料制作而成的。（图 2–4–1、图 2–4–2、图 2–4–3）

第二节　釉料和色料

一、釉料

釉料是施于陶瓷坯体表面的一层较薄的物质，是根据坯体性能的要求，利用天然矿物原料及某些化工原料按照比例配合，在高温的作用下熔融而覆盖在坯体表面的富有光泽的玻璃质层。[1] 釉料不仅是陶瓷坯体的保护层，也是陶瓷表面的装饰层，不仅可以增强陶瓷器的机械强度和热稳定性，还能使陶瓷易于清洁，防止尘垢的污染。釉料是金属氧化

1　缪松兰等：《陶瓷工艺学》，中国轻工业出版社，2006，第 151 页。

物和碳酸盐等的混合物。釉料中所含的金属氧化物在窑内火烧之后会产生不同的颜色，我们称之为“呈色剂”。釉料中所含的碳酸盐类物质是高温烧制过程中的助溶剂，在釉料中所含比例的不同可以使釉面呈现不同的质感和流动性。釉料的种类很多，按照釉料的成分可以分为石灰釉、长石釉、铅釉、无铅釉、硼釉、盐釉等。按照烧成的温度，它可分为高温釉、低温釉。按照烧成后的表面特征，它可以分为透明釉、乳浊釉、色釉、裂纹釉、哑光釉、结晶釉、窑变釉等。

釉料装饰，是指利用釉料的不同成分、烧成气氛、烧成温度而形成的丰富多样的色彩、肌理和流动性等装饰效果，使陶瓷造型得到进一步的美化，实现更高的审美价值。釉料作为陶瓷首饰的装饰材料，不仅具有加强坯体物理性能的作用，而且其丰富的釉色、釉面质感可以成为陶瓷首饰特有的表现语言。颜色釉的质地或晶莹温润或暗哑斑驳，色彩或瑰丽斑斓或幽静淡雅，使利用颜色釉来装饰的陶瓷首饰具有独特的装饰艺术效果。颜色釉装饰也成为陶瓷首饰最为常见的装饰方法。（图 2–5–1、图 2–5–2、图 2–5–3）

二、色料

陶瓷用色料是将有色金属氧化物混合并加入助熔剂经过煅烧、粉碎等工艺制备而成的色料粉末，和坯料（泥料、泥浆）混合可使烧成后的坯体呈现一定的颜色；和基础釉料配伍，制备出各种颜色釉；用于彩绘颜料的制备，可以使彩绘纹样呈现出丰富的色彩。

色料通常有低温色料和高温色料之分。低温色

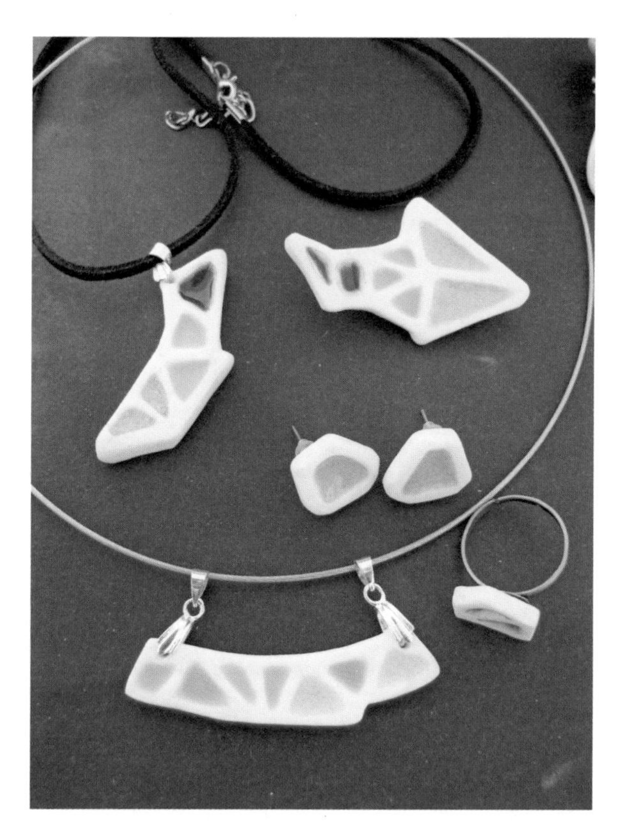

图 2–4–1　陶瓷首饰。材料：瓷泥、金属配件。工艺：泥片成型，雕刻装饰，高温烧制。作者：张茹倩

图 2–4–2　瓷泥首饰。材料：瓷泥、金属配件、蜡绳。作者：王茜

图 2–4–3　陶瓷耳坠。材料：瓷泥、影青釉、金属配件。工艺：捏塑，镂刻。作者：不详

图 2-5-1 陶瓷吊坠。材料：瓷泥、铜红釉、编织绳。工艺：捏塑，雕刻。作者：贡佳子

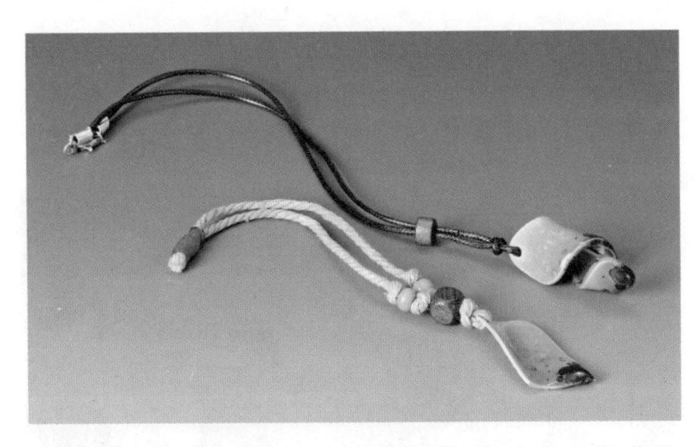

图 2-5-2 陶瓷配饰。材料：瓷泥、颜色釉、编织绳、木珠。工艺：捏塑，高温烧制。作者：俞成欧

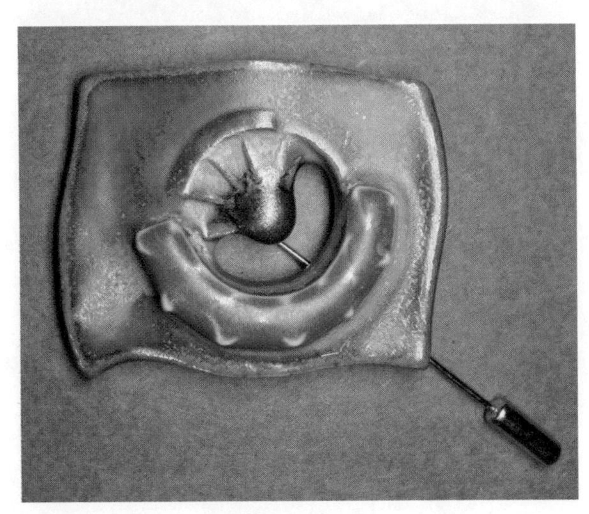

图 2-5-3 陶瓷胸针。材料：瓷泥、金属配件。作者：刘进

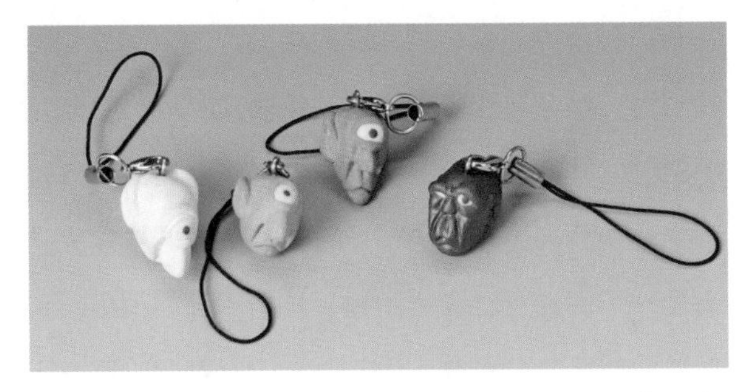

图 2-6-1 手机配饰。材料：色泥、陶泥、编织绳、金属配件。工艺：捏塑，1300℃还原焰烧成。作者：不详

图 2-6-2 耳钉。材料：色泥、金属配件。工艺：绞胎，高温烧制。作者：祝琛

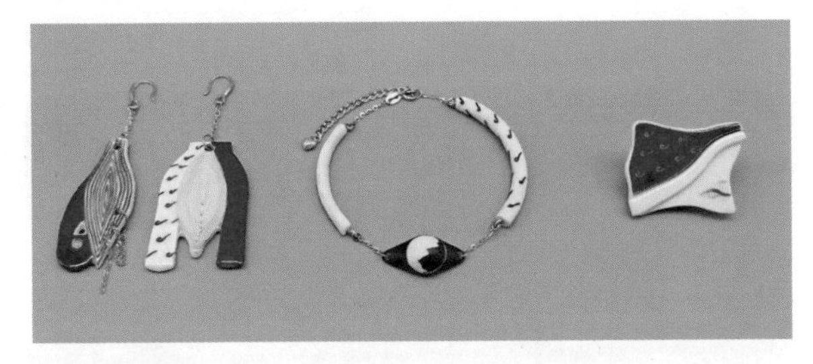

图 2-7 陶瓷首饰。材料：瓷泥、青花料、透明釉、金属配件。工艺：手捏成型、釉下彩绘、高温烧制。作者：麦齐笑

图 2-8 陶瓷吊坠。材料：瓷泥、木、编织绳。工艺：切割，高温烧制，釉上粉彩，低温烤花。作者：陶典陶瓷首饰工作室刘晓雷、余建江

料多用于制备釉上彩颜料，如粉彩、新彩等；高温色料多用于釉下彩绘颜料的制备，或用于调制色泥，还可用作高温色釉的着色。色料颜色丰富，涵盖多种色系，经过高温煅烧研磨制备而成，在釉上、釉下彩绘装饰工艺和釉料中具有发色稳定的特点。色料通过多种工艺表现方法，赋予陶瓷首饰丰富的色彩审美。例如：由色料配制的各种色泥通过绞泥装饰工艺，可以在陶瓷首饰造型上呈现浑然天成的色彩变化；（图 2–6–1、图 2–6–2）以色料制备的釉下彩、釉上彩材料，运用彩绘表现工艺，可使陶瓷首饰造型拥有色彩丰富的装饰纹样。（图 2–7、图 2–8）

第三节　综合材料

综合材料的应用在各大艺术和设计门类中已经形成一种趋势。随着首饰设计泛材料化发展，各种材料的综合应用不仅使首饰材料的外延不断扩大，而且是寻求设计创新的一种途径。在陶瓷艺术中，综合材料的应用也开始受到艺术家的关注。就陶瓷艺术自身范畴而言，不同陶瓷材料、表现工艺的综合应用已经成为陶瓷艺术创作的一个方向。而作为陶瓷首饰中综合材料的应用，不局限于不同陶瓷材料和工艺的自身范畴，而是与首饰设计中泛材料化趋势有更密切的关系。也就是说，陶瓷首饰同样可以与金属材料或织物等材料结合：一方面，可以实现陶瓷首饰的佩戴功能；另一方面，实现不同材料经由设计的手段呈现出材料语言的碰撞，形成在质感上的对比。它还可以和人造宝石、普通石料、皮革、亚克力、树脂、木材等廉价材料结合。在与其他材料综合运用的同时，它也成就了创新设计的表达。（图 2–9、图 2–10）

综合材料的应用，一般而言是指结合两种或两种以上不同属性的材料进行陶瓷首饰的设计和制作。但是作为陶瓷首饰，材料的主体性是需要得到关注的，其他材料的介入是辅助陶瓷材料，从而体现不同材料语言的碰撞和呈现材料间不同质感的对比，为陶瓷首饰提供更好的表达方式。如果失去材料的主体性，就不具有称之为陶瓷首饰的属性。

图 2–9　陶瓷胸饰。材料：瓷泥、亚克力。工艺：泥片切割成型，醴陵釉下五彩，粘接。作者：胡慧

图 2–10　“青白饰”系列之七，陶瓷胸针。材料：瓷泥、银、影青釉。工艺：捏塑成型，镂刻，失蜡铸造。作者：苏雪娇

第三章
陶瓷首饰的设计方法

- 设计素材
- 材料的选择
- 工艺语言的表达
- 造型形态设计
- 装饰设计
- 组合方式设计
- 功能的体现

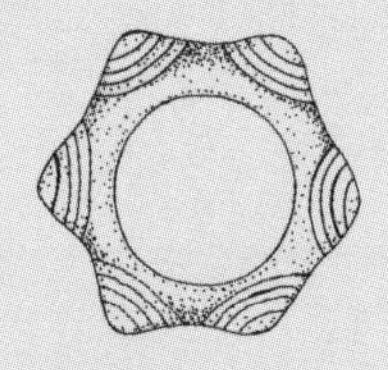

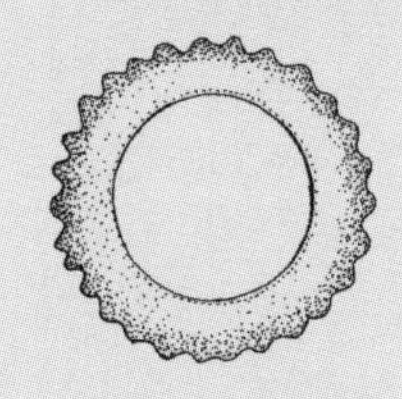

陶瓷首饰虽然体量只有方寸大小，却有着完整而系统的设计方法及工艺流程。陶瓷首饰设计是设计活动的一种，同样有着一定的规律和方法。掌握这些规律和方法，我们可以轻松地通过草图方案表达出设计构想，更加合理地体现创意，并反映一定的设计理念。

陶瓷首饰的设计与制作离不开陶瓷材料和工艺，材料中的泥料、釉料、色料的性状烧成前后有极大差异。在设计中对材料特点、工艺语言的反映，离不开实践操作中得来的经验和认识，而这些经验和认识的积累是设计活动的参照。体现材料特点、表达工艺语言，是陶瓷首饰设计的基本要求。陶瓷首饰设计作为一种创造性的活动，和其他造型艺术一样，起决定作用的有造型形态、装饰和色彩、材料和工艺以及功能等因素，它们相互制约、相互促进。如果立足陶瓷艺术，陶瓷首饰的设计需要从陶瓷材料和工艺出发，并遵循陶瓷艺术设计的原则和规律，体现首饰的佩戴方式和功能。

无论是陶瓷艺术设计还是首饰艺术设计，它们都有着各自的设计方法和规律。陶瓷首饰是一个跨越两个专业领域的工艺形式，其设计兼具首饰艺术和陶瓷艺术的特点。作为陶瓷艺术的一部分，陶瓷首饰的设计可以发挥陶瓷材料的特性，利用泥料塑造性能所赋予的创造力、表现力进行设计创造。而作为首饰设计，则要考虑佩戴功能和方式，考虑与服装服饰的关系。要实现陶瓷首饰的佩戴功能，与其他材料和工艺的综合利用也是分不开的。

综合材料在陶瓷首饰中的应用要以陶瓷材料为主体，不可喧宾夺主，否则便失去陶瓷首饰材料和工艺语言的特点。其他材料的应用是为了更好地突出陶瓷材料及工艺的特点。

第一节　设计素材

一、设计素材

1. 积累

设计素材来源于我们的生活，可以是具体的对象或图形，也可以是一个故事或一种情感体验。设计中，我们对素材的选取是出于被对象中一些形式感、结构、特征或情节的吸引，从而引发我们进行想象思维活动，在头脑中逐渐形成设计图形或样式。这离不开我们的思维分析，也离不开我们对材料和工艺、功能、色彩进行分析。设计创意的体现有时和巧妙的取材有直接关联，取材的巧妙和平时对素材的积累密不可分。积累素材可以让我们有效地形成视觉刺激，审美能力在收集美的、好的素材中得到提升。这也必然影响我们在设计中取材的角度。设计不是凭空想象的创造，素材积累为设计呈现独特性提供了动力源泉。

生活中的任何物象都可以成为我们进行陶瓷首饰设计的素材，造型形态设计如此，装饰设计亦是如此。人物、动物、植物、人造物、图形等，经过想象思维的意象截取，利用具象或抽象的表现形式，结合设计原则、形式美规律，这些物象都可成为形态或装饰设计的样式。陶瓷首饰相对于大件陶瓷艺术作品，体量较小，不可能承载太多的形式与内容，因此在对素材进行设计加工时，力求形式或结构简洁，呈现概括性特征。（图 3–1、图 3–2）

图 3–1

图 3–2

2. 借鉴

借鉴，原意是指把别的人或事当作镜子来对照自己，以便汲取经验或教训得以取长补短。孔子曰：“三人行，必有我师焉；择其善者而从之，其不善者而改之。”其中包含了学习和借鉴两层含义。艺术成果中好的内容和形式是我们学习的目标，面对不好的就需要有清醒的认识并以此为戒，帮助我们在设计活动中减少盲目性。在设计实践中，学习和借鉴优秀的艺术成果是不可缺少的途径。

对已有艺术成果的借鉴，不是生吞活剥，不是盲目模仿，而是建立在对其解读的过程中。我们要解读的是已有艺术成果中所有优秀的因素，它可能是方法，可能是理念，也可能是创意。一旦从中解读到的方法、理念、创意“为我所用”，就是对优秀作品进行了有效的解读和借鉴。

进行陶瓷首饰形态设计的方法有很多，对现有造型艺术成果的借鉴，就是一种常用的方法。例如：借鉴大件造型艺术作品的造型方法“大而化小”，通过寻找其中可以利用的元素，然后将其转化为陶瓷材料和工艺语言所能表达的要素，从而获得新的造型或装饰设计。陶瓷艺术中优秀的造型形态同样可以成为继承和借鉴的对象，在借鉴以往陶瓷艺术形态时，需要立足当代人的审美情趣，挖掘可以被借鉴的元素进行再设计、再创造，“化大为小”为陶瓷首饰造型、装饰设计之用。（图 3–3）

首饰设计类别中极其丰富的成果为我们提供了加工材料的工艺技巧、方法以及设计理念和方法，其中必然有着可以借鉴和利用的方面。在进

图 3-3 作者借鉴自己的陶艺作品形态“化大为小”，成为陶瓷首饰的造型

图 3-4-1 木质材料首饰

图 3-4-2 作者借鉴已有木质材料首饰的装饰语言并将其运用在作品的创作中

行陶瓷首饰设计时，我们可以从中挖掘出能够被转化为陶瓷材料及工艺语言表达的素材，然后再进行合理的设计，以更好地体现首饰的特征。（图 3-4-1、图 3-4-2）

二、捕捉灵感

对设计灵感的捕捉，是我们在设计中特别期待的。灵感的获得貌似是突然被触发的，充满不确定性和偶然性，实则是我们进行思维活动推演的结果，是在大量素材信息积累的基础上在某一刻于头脑中突然建立起一种联系时而浮现出来的。

设计始于灵感，陶瓷首饰的设计也是如此。在进行设计时，灵感的捕捉变得尤为重要。设计灵感不会在没有准备的情况下和你不期而遇，也就是说，我们需要在大量的素材积累中进行思考和分析。积累素材时，我们需要拥有一双发现美的眼睛，随时记录出现在眼前让我们为之停留的对象，从中获取关于对象的信息。假如植物种子的形态可以引发我们的兴趣，那么各种各样的植物种子都可以成为我们观察的对象。在观察中，美的形式、美的结构就会在我们的头脑中形成有用的信息。一旦把植物种子作为设计取材的对象，头脑中的信息就是可以触发我们生成灵感的元素。经过思考、分析、筛选之后，设计雏形渐渐清晰，也就意味着，设计灵感被捕捉到而浮现在我们的眼前。通过绘制草图，我们可以把头脑中的形象快速地表达出来。经过进一步的设计构思，从美的形式出发，再结合材料、工艺、功能等要素进行综合分析，设计方案最终得以完整呈现。

设计灵感，不是凭空想象而来的。在我们的大脑中没有海量的视觉刺激和理性思考的积累的话，设计创造是无法想象的。

三、设计构思

设计构思实际上是通过设计方法提炼素材的本质使设计灵感得以诠释的过程。作者在设计中体现自己独特的创意和风格，并把灵感和创意传递给陶瓷首饰的佩戴者和欣赏者。

进行设计构思时，我们需要向自己提出一些问题，然后在具体设计过程中根据所提出的问题逐步完善设计构思。

① 选定取材对象，是具象的物，还是抽象的形？

② 提出一个概念或主题，希望通过陶瓷首饰表达什么内容。

③ 设想造型形态，采用具象的还是抽象的造型形态？是平面形状，还是立体形态？在一个系列造型中，如何体现个体造型形式之间的相互联系？

④ 选择材料，使用什么泥料和工艺更加符合造型设计的构想？用哪一种颜色和质感的釉料进行造型的装饰？

⑤ 采用什么样的方法、窑内温度和气氛进行陶瓷首饰的烧成？

⑥ 如何实现陶瓷首饰的佩戴功能？是否需要考虑和金属或其他材料结合？

⑦ 从哪些方面或细节体现设计创意？如何让自己的设计具有个性化的风格？

以上提出的问题可以帮助我们在具体的设计过程中进行理性思考，在绘制设计草图时将所有问题进行系统分析。当提出的所有问题得到解决时，它就是设计方案得以确定之时。

四、方案绘制

设计构思形成后，我们就需要绘制设计方案来完整地呈现设计构思和创意表达。在设计构思的过程中，我们会对一些问题进行分析和思考。这些问题的提出，实际上是帮助我们在进行设计时采取合理的设计程序和步骤。

造型、装饰、材料、工艺、佩戴方式等是陶瓷首饰设计须考虑的要素。陶瓷首饰设计通常是从造型设计开始，然后是造型的装饰，同时需要结合材料、工艺、功能以及实现陶瓷首饰佩戴功能的金属或其他材料和工艺进行综合思考，在这些要素之间建立起合理的相互联系，使它们共同构成统一整体。

在设计构思阶段，设计方案的绘制其实就已经开始了。在图纸上随手勾画草图时，设计构思可能就在头脑中产生并逐渐变得成熟。一旦设计构思中与陶瓷首饰相关的设计内容和元素在图纸上清晰可见，此时再经过理性的设计整合，完整的设计方案就可以清晰地呈现在图纸上了。绘制正稿时，选择适合自己的表现方式，可以利用自己喜欢的绘画媒介手绘，也可以借助电脑绘图软件绘图。无论采用哪种表现方式，在设计图中，我们都要清晰地表达出陶瓷首饰造型的结构特征以及装饰的类型和色彩。在造型或装饰的表达中，泥料的种类、釉料的种类，

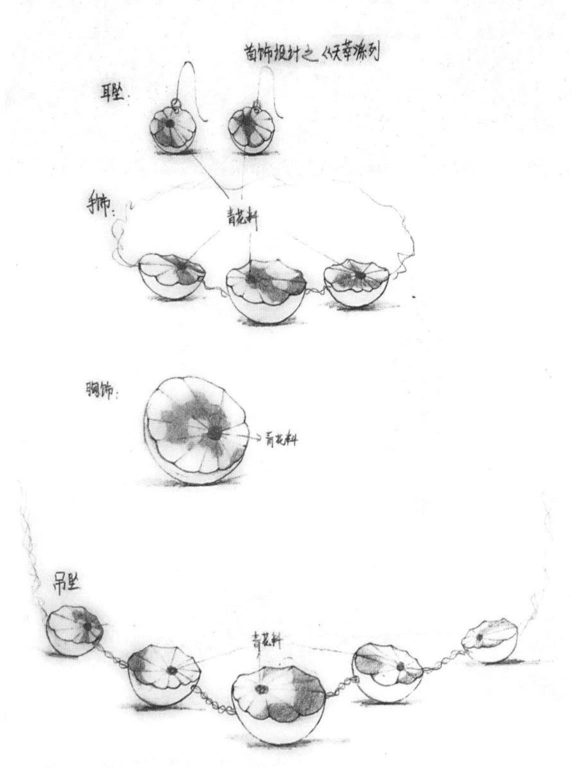

图 3-5-1　手绘草图，王智元

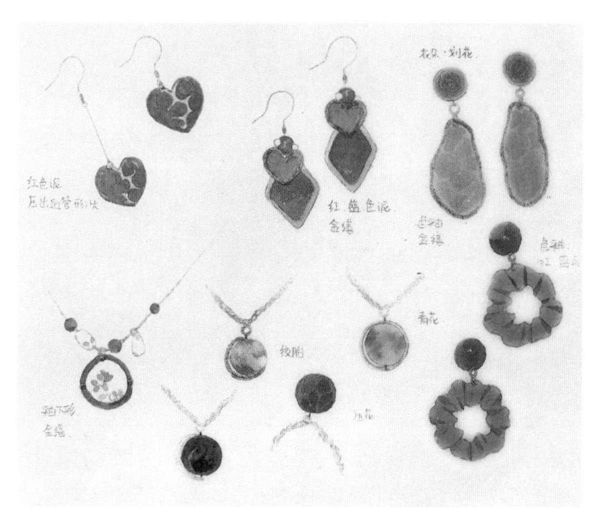

图 3-5-2　手绘草图，方丽华

以及色彩、工艺语言等的表达尤为重要，它们是反映陶瓷首饰特征的重要元素。（图 3-5-1、图 3-5-2）

五、设计说明

陶瓷首饰的设计说明通常包括设计构思和创意的说明、主体材料和附属材料的说明、制作工艺说明、比例尺寸的标注等内容。

一份完整的设计方案对于陶瓷首饰的制作是极为重要的。在图纸中给出设计说明，不仅能够更清晰地展现创作者的设计意图，也可以辅助工艺制作。无论我们采用何种表现方式在图纸上对设计构想进行表达，它和具体的实物仍然有一定的差别，详细的设计说明则可以起到协助理解设计意图、设计形态、造型尺寸的作用。在陶瓷首饰的设计图中进行陶瓷材料质感、工艺语言的表达，是一件不太容易做到的事情，而详细的设计说明就可以起到帮助理解的作用。借助设计说明，我们可以很好地了解设计者将会采用什么样的材料和工艺进行下一步的制作。（图 3-6-1、图 3-6-2）

第二节　材料的选择

一、体现材料的特点

陶瓷首饰在设计中体现陶瓷材料的性能和特点是基本，是关键，这是由陶瓷首饰的材料属性所决定的。在陶瓷首饰中充分体现陶瓷材料自身蕴含的

陶瓷配饰设计稿（一）

涂航达 17陶设六班 117020100415

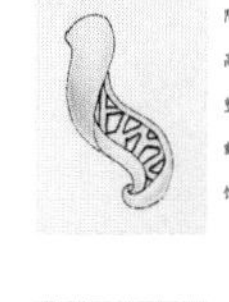

陶瓷耳饰一：材料选用高白泥，利用瓷泥的可塑性能进行旋转扭曲并刻挖，进行影青釉的装饰。

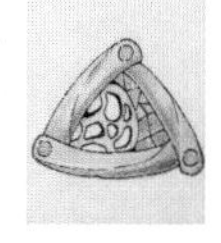

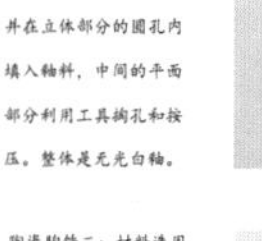

陶瓷胸饰一：材料选用高白泥利用泥条的组合并在立体部分的圆孔内填入釉料，中间的平面部分利用工具掏孔和按压。整体是无光白釉。

陶瓷吊坠一：材料选用高白泥和陶泥，外形用高白泥进行卷曲内部贴上陶泥并剔花刷上泥浆。最后施于无光白釉。

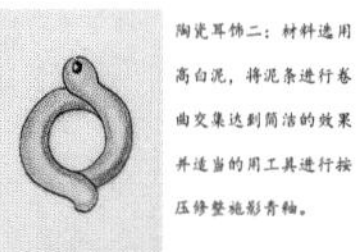

陶瓷耳饰二：材料选用高白泥，将泥条进行卷曲交集达到简洁的效果并适当的用工具进行按压修整施影青釉。

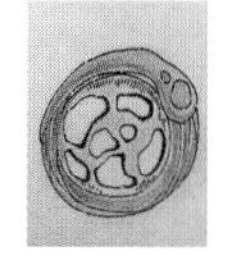

陶瓷胸饰二：材料选用高白泥，通过圆饼和泥条的堆叠和工具做出层次感，适当的挖出圆孔填上陶泥塑造一种不规则感。整体施于君白釉。

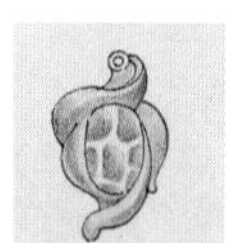

陶瓷吊坠二：材料使用高白泥，主体部分通过手指的挤压和工具的辅助做出凹凸不等的立体造型并搓出不同长度的泥条进行组合。整体上无光灰色的釉

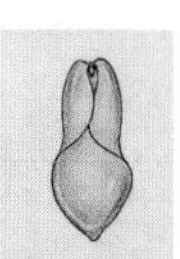

陶瓷耳饰三：材料选用高白泥，通过对泥片的卷曲和捏制达到类似花瓣的造型，并适当的用工具进行修整施青釉。

陶瓷胸饰三：材料选用高白泥，通过捏制大体造型并用工具刻划和修整整，体是君白釉装饰。

陶瓷吊坠三：材料使用高白泥，简单的通过捏制和工具的挤压和切割刷上陶泥浆。最终罩上薄薄的透明釉。

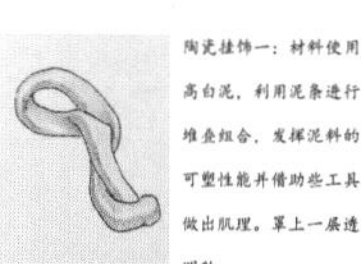

陶瓷挂饰一：材料使用高白泥，利用泥条进行堆叠组合，发挥泥料的可塑性能并借助些工具做出肌理。罩上一层透明釉

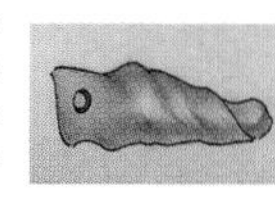

陶瓷挂饰二：材料使用高白泥，充分发挥泥料的韧性进行扭曲达到简洁的造型效果，并结合不同釉料组合装饰。

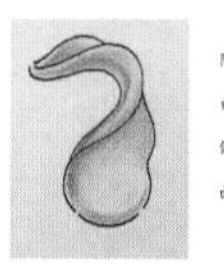

陶瓷挂饰三：材料使用高白泥，通过对泥料的扭转做出简约的造型。较大的面积可进行花釉装饰。

图 3-6-1　手绘草图及设计说明，涂航达

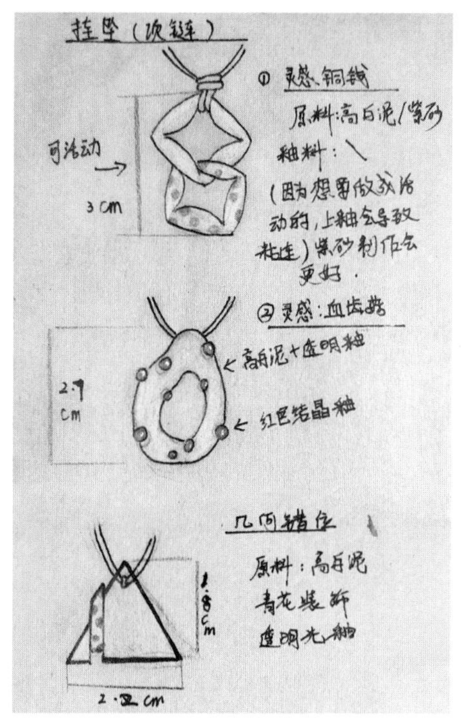

图 3-6-2　手绘草图及设计说明，张卓境

特点，是恰当的设计。陶瓷材料的性能指的是材料的性质和作用。陶瓷首饰用到的陶瓷材料主要有泥料、釉料和色料，这些材料的性质和特点决定了它们在陶瓷首饰中具有不同的作用。

在认识材料特征的基础上，顺应并发挥材料的性能，展现驾驭材料的能力，认识材料潜在的可能性，是在陶瓷首饰设计中体现材料特点的保障。

材料的性质和特点在一定程度上决定着陶瓷制作的成型方法和装饰工艺类型。也就是说，材料、工艺共同制约着设计的最终实现。因此，泥料的塑性、釉料的特性、色料的特点，是陶瓷首饰设计重要的思考原则。我们对形态、装饰等的设计，要能够体现出陶瓷材料烧成后的审美特征——材质美。

1. 体现泥料的塑性

泥料是塑造陶瓷首饰造型的材料，也是实现坯体装饰工艺的材料。泥料的可塑性是泥料的主要性质和特点。正是泥料的可塑性赋予了陶瓷特有的造型和装饰语言，并促进造型和装饰方法的产生。通过手或工具的挤、捏、压、印、堆，泥料呈现出不同的状态，展现出陶瓷泥料蕴含的特殊韵味和独特的艺术语言，赋予陶瓷首饰不同的造型形态以及丰富的装饰纹理。（图 3-7-1、图 3-7-2、图 3-7-3）在设计中充分体现泥料的性状和特点，是凸显陶瓷首饰材料属性的要求，也是呈现陶瓷首饰个性化、艺术性、设计感的出发点。

进行造型形态设计时，我们要考虑陶瓷材料、工艺技术的特点，不同的材料、不同的工艺方法都会对形态、样式产生一定的影响。陶泥具有较好的塑造性能，形态设计可以体现出复杂多变的空间、结构特征。瓷泥塑造性能一般，对其形态的塑造很大程度上取决于瓷泥的干湿状态。泥料中水与泥的比例是反映塑造性能的关键。泥料因为含水量的不同有着不同的状态，对造型也会产生不同的作用。我们只

图 3-7-1　陶瓷耳坠。材料：瓷泥、麻绳、金属配件。工艺：捏塑，高温烧制。作者：钟原

图 3-7-2　陶瓷耳坠。材料：瓷泥、金属配件。工艺：捏塑，高温烧制。作者：不详

图 3-7-3　陶瓷胸针。材料：陶泥、金属配件。工艺：捏塑，镂空装饰，高温烧制。作者：钟原

有充分利用瓷泥不同的干湿状态，才能够塑造出较为丰富的空间及结构形态。塑造性能较差的泥料，在造型形态的设计上需力求简洁，在简洁中寻求一定形式的变化。（图 3-8-1、图 3-8-2、图 3-8-3）

2. 体现釉料的特性

陶瓷釉料除了具备改善陶瓷坯体理化性能的作用外，更具备装饰陶瓷坯体的作用。釉料丰富多样而又变幻莫测，赋予陶瓷首饰以斑斓的色彩，釉料的不同种类和质感使其具有丰富多样的装饰效果。正是釉料的性能和装饰作用，使得陶瓷艺术具有特殊的魅力，它是构成陶瓷艺术的重要材料和元素。

陶瓷艺术从无釉陶发展至釉陶和瓷器，不仅是陶瓷工艺和技术进步的产物，也是釉料产生审美价值和意义的过程及结果。

作为陶瓷首饰，釉料的使用是实现其审美意义的重要环节。在设计陶瓷首饰时，我们需要充分考虑如何利用釉料的不同性质在高温熔融作用下所形成的丰富色彩、特殊光泽、流动变化，以此展现出

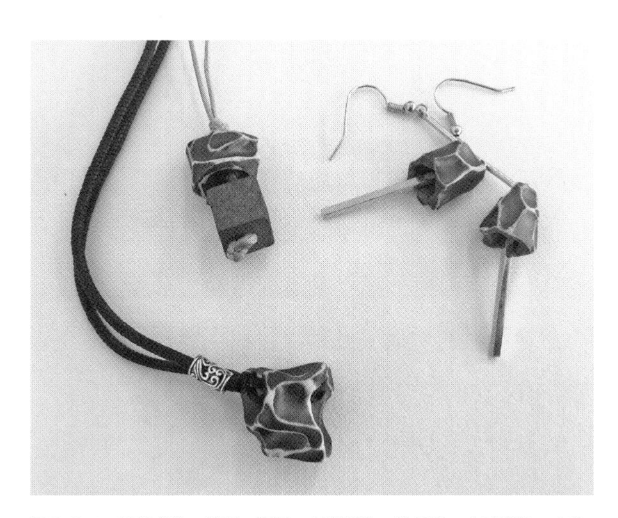

图 3-8-1　陶瓷首饰。材料：瓷泥、哑光黑釉、编织绳、金属配件、木珠、麻绳。工艺：捏塑，高温烧制。作者：不详

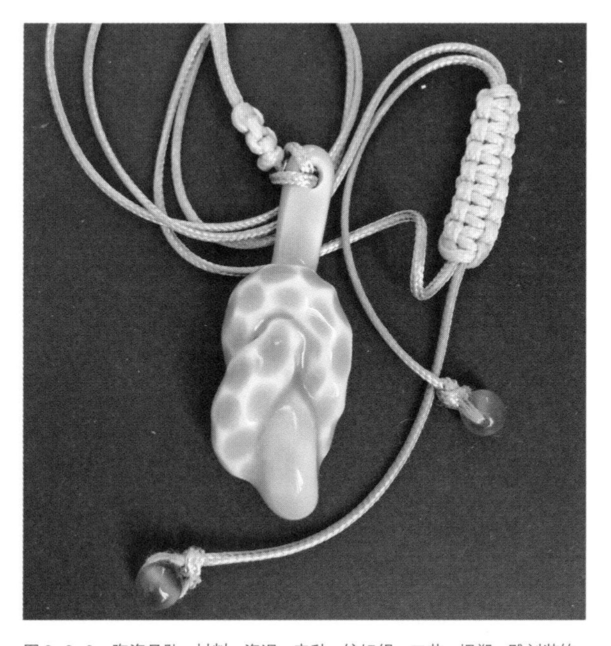

图 3-8-2　陶瓷吊坠。材料：瓷泥、青釉、编织绳。工艺：捏塑，雕刻装饰，高温烧制。作者：贾琼

图 3-8-3　陶瓷吊坠。材料：瓷泥、青釉、编织绳。工艺：捏塑，镂空装饰，高温烧制。作者：王智元

图 3-9-1　陶瓷吊坠。材料：瓷泥、斑点无光白釉、编织绳。工艺：捏塑，高温烧制。作者：胡华诺

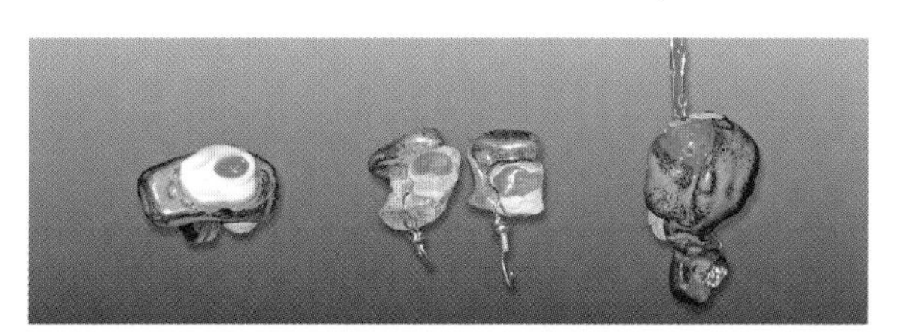

图 3-9-2　陶瓷首饰。材料：陶泥、瓷泥、颜色釉、金属配件。工艺：捏塑，高温烧制。作者：曹朵

图 3-9-3　陶瓷吊坠。材料：瓷泥、蓝色结晶釉、金属配件。工艺：捏塑，雕刻装饰，高温烧制。作者：不详

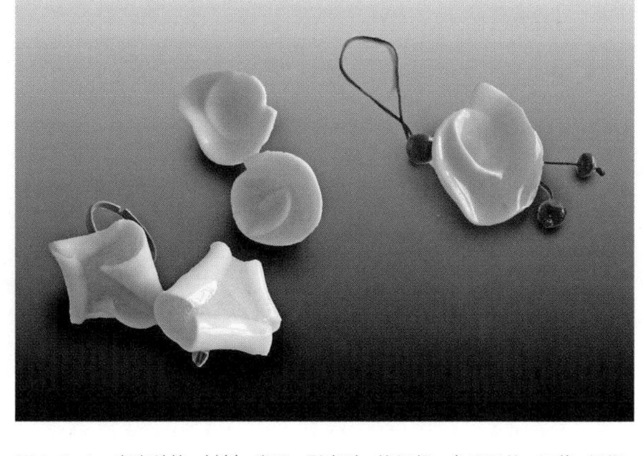

图 3-9-4　陶瓷首饰。材料：瓷泥、影青釉、编织绳、金属配件。工艺：捏塑，高温烧制。作者：沈莹莹

陶瓷首饰特殊的美感。（图 3-9-1、图 3-9-2、图 3-9-3、图 3-9-4）

3. 体现色料的特点

基于对色料在陶瓷首饰中所起作用的认识进行陶瓷首饰设计是必要的。陶瓷首饰的色彩可以通过使用釉料、彩绘颜料得以实现，而釉料、彩绘颜料的色彩是色料（色剂）赋予的。色彩通过色料发色具有的表现力需要与一定的工艺结合才可以呈现出其他材料无法比拟的视觉效果。色料与泥料混合可产生色彩各异的色泥。在进行陶瓷首饰设计时，我们可以按照构想将不同的色泥进行不同形式的组合。这样不仅可以构成色彩变化丰富的坯体，从而使陶瓷首饰作品具有丰富的色彩审美感受，也能够赋予作品以视觉冲击力。可以说，由色料所赋予的色彩效果是陶瓷首饰表达审美感受的重要元素。它可以使得陶瓷首饰呈现出与其他材质的传统首饰所不同的色彩质感和艺术效果。

二、体现材料的质地

材料质地在陶瓷艺术中是由材料属性所赋予的，也是陶瓷艺术的魅力所在。质地的表现和材料本身的性状分不开，也和工艺密切相关。坯体与釉料结合，可以形成光滑、透亮、温润、毛涩、斑驳等质感；它通过外力作用于泥坯呈现出的痕迹，有凹有凸，有深有浅，有疏有密，有粗有细，有尖有钝。这些通过工艺反映出的材料质地在陶瓷首饰的设计中需要得到充分体现，以使陶瓷首饰具有材料本质属性的特征，以及由此赋予的表现力和艺术性。在设计中体现材料的质地是由材料属性决定的，因此进行设计时，我们需要考虑恰当的造型结构、装饰方法、釉料品种以及制作工艺，从而凸显出材料的特点，体现材料烧成后的质地。任何对陶瓷材料质感表达有所削弱或掩盖的设计都应尽量避免，与其他材料的综合运用也要适可而止。

第三节　工艺语言的表达

工艺是实现陶瓷艺术设计的技术手段。例如造型形态的塑造工艺、装饰工艺等形成的艺术语言直接或间接地影响着陶瓷首饰设计的审美效果。

在陶瓷首饰的设计过程中，选定材料、工艺方法是前提，再通过设计思考更好地体现工艺表达的方式。在设计中如果设计形式没有与工艺表达方式产生有机联系，它再完美也可能是无效的设计，是不合目的的设计。

陶瓷工艺语言是对材料进行加工时采用技巧和

方法表现出的形式和特征，工艺语言的表达离不开材料，并反映着材料的特点。在设计陶瓷首饰时，我们需要了解陶瓷艺术的工艺表达方式以及工艺表达中可能运用的语言形式。例如，泥料因为干湿度的不同，可以通过不同的工艺表达陶瓷坯体不同的结构、肌理。湿软的泥料可用捏、塑、压、印、镂挖等工艺方法；（图 3-10-1、图 3-10-2、图 3-10-3）干燥的坯体可以采用切削、刨刮、雕刻等工艺方法。这些基于泥料干湿状态而采用的不同工艺方法，可以使陶瓷首饰坯体具有不同的形态、结构、肌理或纹样。（图 3-11-1、图 3-11-2）又如：釉下彩绘、釉上彩绘工艺的应用，可以使陶瓷首饰通过装饰纹样而呈现细腻或粗放的风格。（图 3-12-1、图 3-12-2）色料与泥料的混合，可以通过绞胎工艺使陶瓷首饰坯体呈现丰富或浑然天成的纹理和色彩。（图 3-13）再如，陶泥或深色瓷泥与化妆土结合，采用剔花工艺，可以表达出剔花纹样的装饰特征以及因材料不同的色彩、质地而形成的质感对比。它既是纹样的一部分，又是工艺语言赋予的表现力。（图 3-14-1、图 3-14-2）

在我们对陶瓷工艺及其表现语言具有充分了解的前提下再进行陶瓷首饰的设计，才能做到充分体现陶瓷工艺语言。

图 3-10-1　捏

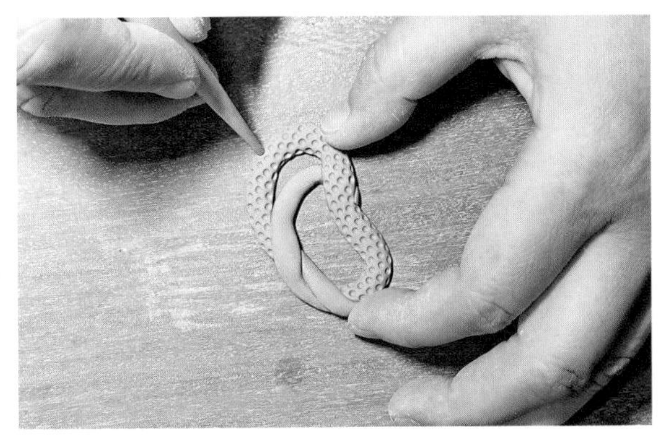

图 3-10-2　压印肌理

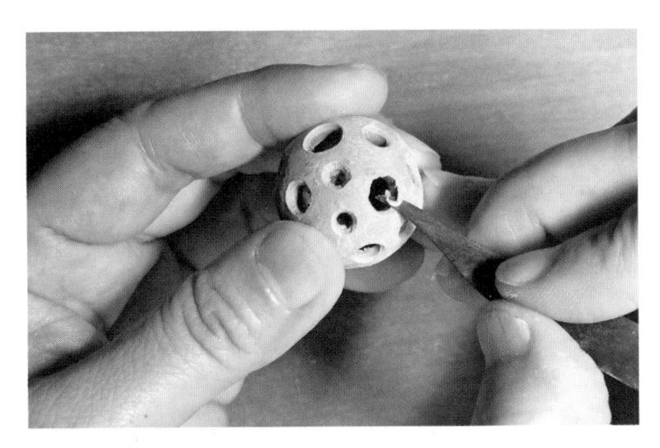

图 3-10-3　镂挖

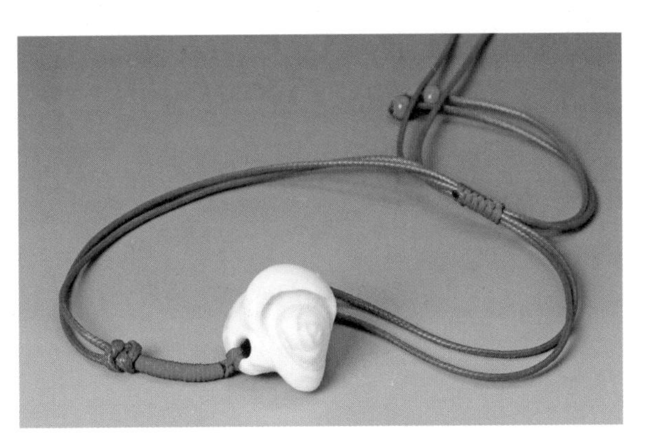

图 3-11-1　采用雕刻的手法形成装饰语言。作者：翟晴晴

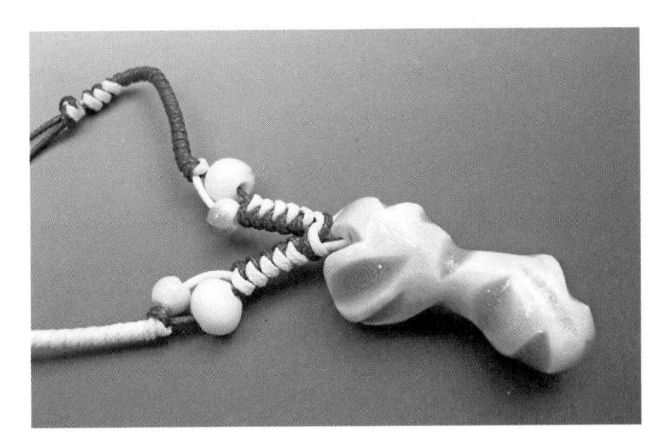

图 3-11-2　在干燥的坯体上采用切削的方法形成表现语言

图 3-12-1　陶瓷吊坠。材料：瓷泥、釉下色料、透明釉、金属配件。工艺：捏塑，釉下五彩，高温烧制。作者：不详

图 3-12-2　陶瓷首饰。材料：瓷泥、青花料、金属配件。工艺：泥片切割，青花彩绘，高温烧制。作者：孙小丽

图 3-13　以绞胎工艺制作的陶瓷首饰。作者：叶正茂

图 3-14-1　陶瓷手链。材料：陶泥、瓷泥、编织绳。工艺：泥塑，刻剔装饰、高温烧制。作者：不详

图 3-14-2　陶瓷吊坠。材料：陶泥、瓷泥、编织绳。工艺：泥片成型，刻剔装饰，高温烧制。作者：不详

第四节　造型形态设计

造型形态是陶瓷艺术中首要的设计要素，它和装饰共同构成陶瓷艺术形式。造型是在一定创造观念和意图的支配下，有目的地利用某种陶瓷材料，运用一定的工艺加工技术，通过对形体、空间、构件等形式的确定和处理，创造出有一定用途和审美意味的形态和样式。

陶瓷首饰作为陶瓷造型形态之一，由于体量较小，在功能、结构上的局限性相对于日用陶瓷造型要少得多；相对于陶瓷造型的其他类别，在材料性能和工艺方式等方面有局限性小的特点。在适合佩戴、符合服装配饰功能、呈现材料性能和工艺特征的前提下，陶瓷首饰的形态设计可以较为自由而随意。

陶瓷首饰形态设计需要我们充分发挥想象力，从生活中提取一切可以利用的元素，遵循设计的一般规律及原则，在符合形式美规律的前提下创造出丰富的形态样式。陶瓷首饰的造型形态可以是有机形态、无机形态、具象形态或抽象形态。但是，在进行陶瓷首饰形态设计时，我们需要考虑陶瓷材料的性能、陶瓷工艺的方法和特点。不同的材料、工艺方法对形态样式有着不同的要求。陶泥具有较好的塑造性能，形态设计的表现可以体现复杂多变的空间、结构特征。瓷泥塑造性能一般，形态的塑造在很大程度上取决于瓷泥的干湿状态。只有充分利用瓷泥的干湿状态，我们才能塑造出较为复杂的空间结构。对于塑造性能不佳的泥料，我们进行形态设计时要力求简洁，在简洁中寻求一定的变化。

一、造型设计理念

陶瓷首饰造型设计的理念，指的是在造型形态的构思过程中确立的主导思想，也就是陶瓷首饰造型形态的设计要从哪里入手，体现什么样的风格，赋予造型样式什么样的内涵等。有了主导思想，我们还需要思考如何将设计理念贯穿到设计过程中，以造型形态的样式展现出设计创意。好的设计理念至关重要，它不仅是陶瓷首饰造型设计的精髓所在，而且是能够让作品具有个性化、艺术性的关键。

如果将造型设计看作对形象的加工，那么该从哪里出发？是获得“形”、获得“型”，还是获得“物外之境”？

形，指的是物的外在形式；物，是自然物或者人造物。进行设计时，我们的出发点是通过对现实世界中的自然物或者人造物进行设计加工，那么设计出来的造型就有了新的形式。它是通过设计手段和方法得以重新塑造的形态，可以看作从“形”到“型”的过程，包含了从具象思维到抽象思维的转换。设计出的新形态有了造型的样式，它所具有的特点保留了自然物或者人造物的因子。如果要通过造型样式来阐明更加深刻的内涵，就需要进行从抽象思维到意象思维的转换。设计的出发点就得从已获得的“造型”入手，继续深入思考，将对“型”的外在形式美感的追求上升到观念认识的表达，把对人、对自然、对环境和社会的关注、认识和理解注入造型设计中，通过设计出的造型，解读到深刻的内涵，在设计者和欣赏者之间建立一条通道，呈现“物外之境”。“形”“型”“物外之境”，其实是不同层次的设计理念所发挥的不同作用而产生的造型样貌。

二、造型设计方法

立足陶瓷艺术的范畴，我们可以把陶瓷首饰看作有着一定形态的陶瓷造型。这就意味着设计可以从造型开始。归纳并掌握一定的方法进行陶瓷首饰的造型设计，可以引导我们依据兴趣提取设计素材，把陶瓷材料的特性和工艺语言、佩戴功能进行系统整合，通过理性思考，找到合适的方法进行造型形态的构思。在造型的设计中，我们应注重形态的韵味，强调内在意蕴的表达，体现人文精神，明确表现造型的艺术美。

1. 模拟概括

模拟造型的方法是指通过模仿自然物、人造物等的形态或样式，经过归纳、概括的方式获得具有具象形式特征的造型形态。模拟是设计中最易掌握的造型方法，生活中任何眼见之物都可以成为造型形式取材加工的对象。“模拟是一种手段和方法，目的不是为了‘像’或‘似’，要不断发展形态，完成模拟—概括—抽象的过程，必须改变形态的表象。”[1]从陶瓷首饰造型的角度而言，利用模拟的方法进行造型设计，不是毫无取舍地照搬取材对象的所有外在形式特征，而是找到取材对象美的本质特征再进行概括和归纳，去掉无关紧要的细枝末节，使之单纯简洁并在形式美规律的作用下进行造型形态的推演变化。当外在形式特征摆脱模拟原型的束缚时，陶瓷首饰便可以取得富有独立个性的新的造型形态。（图 3–15–1、图 3–15–2）

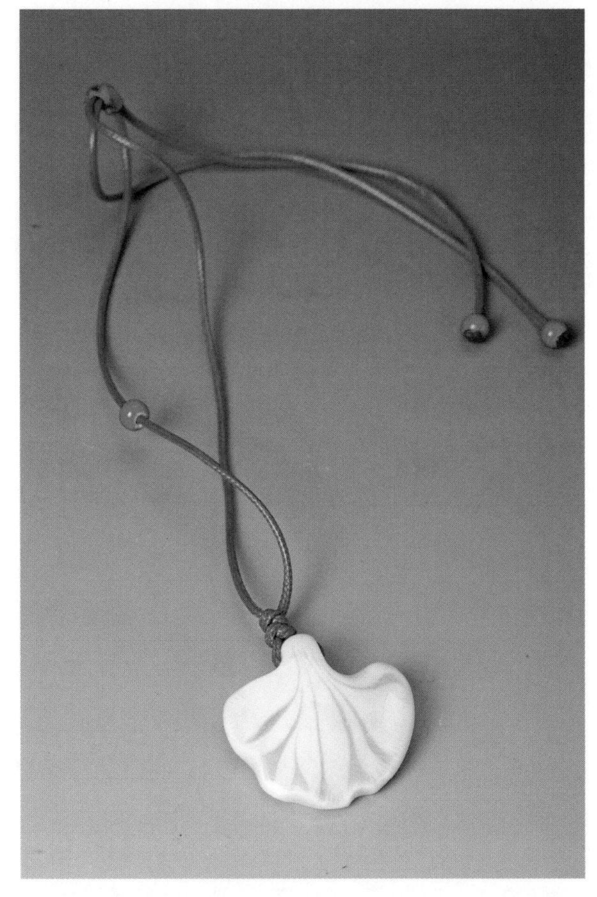

图 3–15–1　陶瓷吊坠。材料：瓷泥、编织绳、瓷珠。工艺：捏塑成型，刻填装饰，高温烧制。作者：翟晴晴

图 3–15–2　陶瓷吊坠。材料：瓷泥、编织绳。工艺：捏塑，镂空，镂刻，高温烧制。作者：王茜

2. 抽象造型

抽象造型的方法，是指选取设计构成要素，并遵循其一般规律及原则，在符合形式美规律的前提下创造出具有抽象形式语言特征的新的形态或样式。

抽象造型设计的出发点与模拟有着一定的差别，模拟是从对象出发，而抽象造型则是从设计构成要素出发，将造型元素还原成点、线、面、体，以几何形体、有机形态为原型朝着抽象化形式的特征进行构思推演，从而创造出全新的、美的、具有创意的造型形态。进行抽象造型设计时，我们不可机械地理解和应用造型构成元素，需要和陶瓷首饰的形制、佩戴方式以及陶瓷材料和工艺的可行性等进行统一思考，这样造型设计表现出来的外在形式才可能在具有美的特征的基础上符合陶瓷首饰形制的要求。（图 3–16–1、图 3–16–2）

3. 解构与重组（分解重组、切削重组）

解构与重组，来源于解构主义（deconstructionism），是法国后结构主义哲学家德里达所创立的。它最早于 20 世纪 80 年代应用在西方建筑设计领域，后被广泛运用于现代设计领域。解构主义是从“结构主义”（constructionism）演化出来的，它的形式实质是对结构主义的破坏和分解。

解构与重组的造型方法，是把已有造型形态解

1　杨永善：《陶瓷造型艺术》，高等教育出版社，2004，第 120 页。

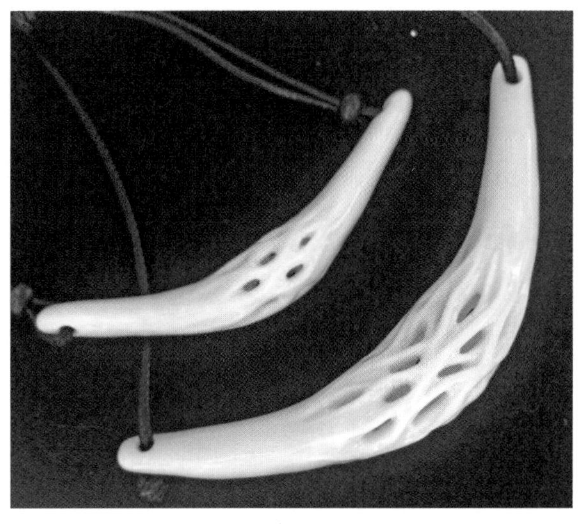

图 3-16-1　陶瓷手链。材料：陶泥、编织绳。工艺：捏塑，堆贴，高温烧制。作者：不详

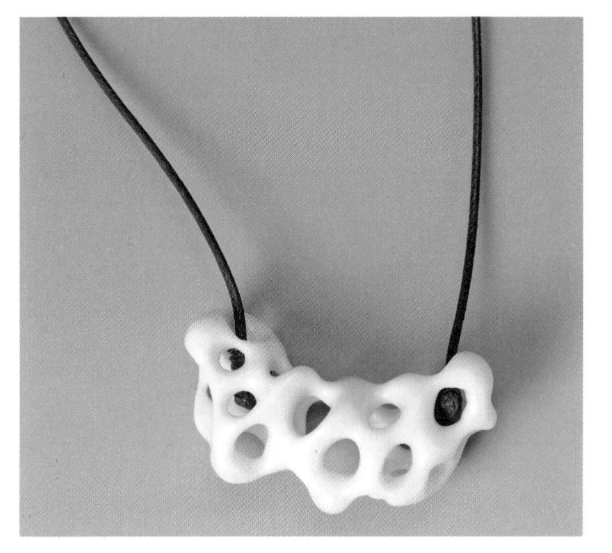

图 3-16-2　陶瓷吊坠。材料：瓷泥、编织绳。工艺：捏塑，镂刻。作者：石武姝

构成不同的部分，再重新组合，建构出与原有形态完全不同的造型。解构出来的部分可以不受数量、位置、方向的约束，依据设计者个人的审美偏好进行数量的增减，或改变原来的位置或方向，重新组合。在陶瓷首饰造型设计中，采用这一方法，可以运用切削解构所选定的造型，然后按照新的形式重新建构出完全不同于原型的造型。这一方法所得的造型，通常具有较强的现代形式感。（图 3-17-1、图 3-17-2、图 3-17-3）

图 3-17-1　陶瓷首饰。材料：瓷泥、无光黑釉、编织绳。工艺：捏塑，切削，镂刻，高温烧制。作者：程方茹

图 3-17-2　陶瓷首饰。材料：陶泥、金属配件。工艺：捏塑，粘接，镂刻，高温烧制。作者：魏佳

图 3-17-3　陶瓷吊坠。材料：瓷泥、陶泥、金属配件、编织绳。工艺：捏塑，粘接，高温烧制。作者：朱如依

4. 空间营造（实体之外的虚空间）

空间营造的方法，是将形式、结构简单的造型形态，通过裁切或镂空的方式，营造出一定的空间结构，使原有简单的造型具有丰富或富有变化的空间和结构，形成造型空间的虚实变化和对比。

我们将空间营造应用于陶瓷首饰造型设计中，一方面可以让建构出的造型空间结构出现虚实变化，另一方面又赋予造型一定的装饰性。使用这一方法时，我们需要考虑陶瓷泥料烧成后的易碎性以及佩戴功能，避免出现不符合陶瓷首饰造型形制要求的空间结构。同时需要考虑，如果作为一般商业首饰进行生产，复杂的空间结构变化并不适合批量化生产的工艺要求。（图 3–18–1、图 3–18–2、图 3–18–3、图 3–18–4）

5. 面的起伏和扭曲

利用面的起伏和扭曲这一方式进行陶瓷首饰的形态设计，是指运用已形成的设计思维，把抽象的面元素，以起伏、扭曲的方式在简单造型的基础上建构新的造型，通过起伏、扭曲而产生形式的变化，以此赋予造型一定的结构性和形式感。

面的起伏和扭曲变化，可以让一个平面化的形状变得富有立体感和结构变化，让一个简单的造型形态呈现出结构特征的变化和有一定内涵的形式。这一方法与泥料的可塑性联系在一起，既可体现出

图 3–18–1　陶瓷吊坠。材料：瓷泥、编织绳。工艺：捏塑，刻填，高温烧制。作者：王茜

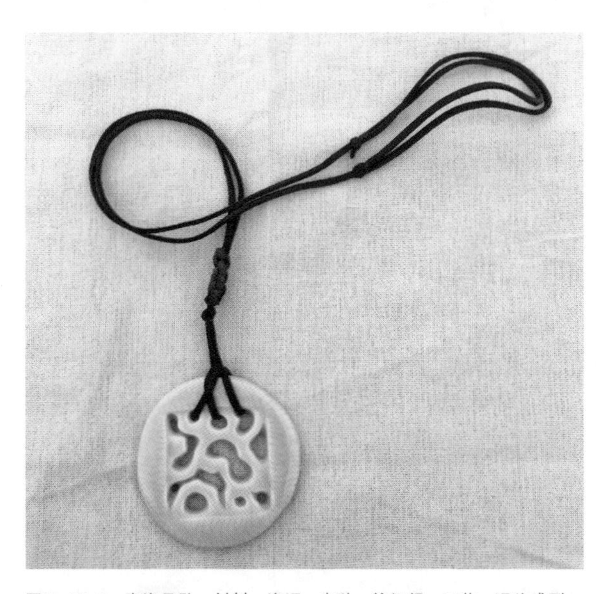

图 3–18–2　陶瓷吊坠。材料：瓷泥、青釉、编织绳。工艺：泥片成型，镂空装饰，高温烧制。作者：王智元

图 3–18–3　陶瓷吊坠。材料：陶泥、瓷泥、编织绳、瓷珠。工艺：捏塑，镂空装饰，高温烧制。作者：胡林智

图 3–18–4　陶瓷耳坠。材料：瓷泥、黑釉、青釉、金属配件。工艺：捏塑，镂空，高温烧制。作者：刘进

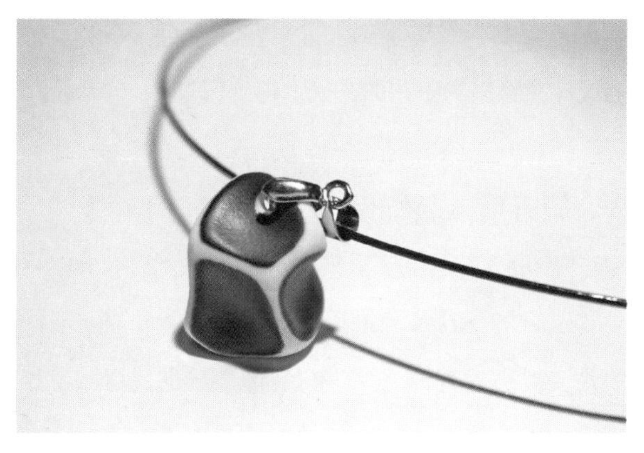

图 3-19-1 陶瓷吊坠。材料：瓷泥、无光黑釉、金属配件。工艺：捏塑，高温烧制。作者：洪燕

图 3-19-3 陶瓷吊坠。材料：瓷泥、影青釉料、编织绳。工艺：捏塑，高温烧制。作者：不详

图 3-19-2 陶瓷胸针。材料：陶泥、铁红釉、金属配件。工艺：捏塑，高温烧制。作者：台德敏

图 3-19-4 陶瓷手链。材料：瓷泥、黑釉、瓷珠、编织绳。工艺：捏塑，高温烧制。作者：郭会丽

材料的性能，又可以呈现塑造工艺语言。可以说，这一方法的使用和泥料性能、塑造工艺存在一种较为紧密的逻辑联系。利用好这一方法，我们可以在陶瓷首饰形制的要求下建构出富有材料和工艺语言特征的造型形式。（图 3-19-1、图 3-19-2、图 3-19-3、图 3-19-4、图 3-19-5）

6. 泥料性能的应用

泥料的性能是以不同的干湿状态呈现的。在制作工艺的实践中，我们需要在利用泥料进行造型形态的塑造中进行充分的了解和认识。

掌握泥料的性能，可以很大程度地促进造型和装饰方法的产生，并赋予造型和装饰独特的艺术语言，反映材料的特征。在捏、挤、堆、塑的过程中积累的经验会加深我们对泥料的了解和认识，让我

图 3-19-5 陶瓷吊坠。材料：瓷泥、影青釉料、编织绳。工艺：捏塑，镂刻装饰，高温烧制。作者：不详

们知晓泥料在不同状态下可能产生的塑造方法。一旦将它和其他造型方法相结合，我们便可以创造出丰富的造型形态。这样的造型会有泥料性能所赋予的特点——“泥味”。（图3–20–1、图3–20–2、图3–20–3、图3–20–4）

造型设计不是孤立的。在我们进入制作工艺过程时，设计活动依旧存在。设计者一经接触泥料，新的思考、新的想法、新的方法也会异常活跃于头脑中，因此最终的结果有可能会与事先的设计大相径庭。但我们不能认为最终结果和初始的设计意图有差异，而认为设计不重要，这恰恰说明，设计应该和材料、工艺进行综合思考才能彼此促进，并在制作过程中引发更多的设计思路，从而使陶瓷首饰的设计在材料和工艺的基础上得到完善。

第五节　装饰设计

进行陶瓷首饰装饰设计时，我们首先需要明确的是要对陶瓷首饰造型进行装饰。这也就意味着，装饰的内容和形式的设计及安排与陶瓷首饰造型有着不可分割的关系。无论采用哪种工艺和方法装饰，我们都要从造型出发进行设计，使造型和装饰和谐统一。其次，我们还需要认识到装饰方法和陶瓷材料及工艺的关系，了解不同的装饰工艺和方法所形

图3–20–1　陶瓷首饰。材料：瓷泥、青釉、金属配件、编织绳、瓷珠、木珠。工艺：捏塑，高温烧制。作者：徐玉

图3–20–2　陶瓷胸针。材料：陶泥、瓷泥、色泥、金属配件。工艺：捏塑，戳印肌理，高温烧制。作者：不详

图3–20–3　陶瓷首饰。材料：瓷泥、色泥、金属配件。工艺：捏塑，高温烧制。作者：夏怡

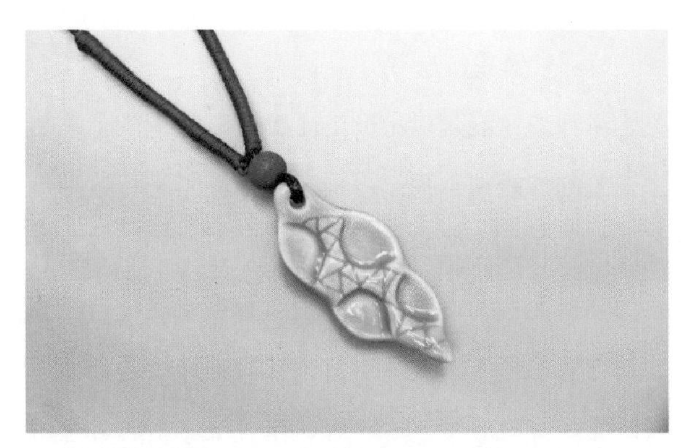

图3–20–4　陶瓷吊坠。材料：瓷泥、编织绳。工艺：捏塑，压印肌理，高温烧制。作者：不详

成的装饰纹样或肌理面貌。当对这些问题形成认识时，我们便可以知道如何进行装饰设计，如何在设计中表现出装饰工艺的特征。

一、体现装饰与造型的关系

造型和装饰作为形式要素，共同构成了陶瓷首饰的外在形式。进行陶瓷首饰设计时，我们需要建立整体的观念，进行造型设计时顾及装饰，而在装饰设计中需要考虑装饰内容和形式以及造型形态之间的适应性，做到造型与装饰相互关照、彼此联系。造型是装饰的载体，装饰以一定的内容和形式美化造型。

装饰依附于造型而存在，装饰美化形态可以更好地实现陶瓷首饰的审美价值。突出形体变化特征的造型，其装饰设计要力求简洁，恰到好处。若强调装饰的视觉审美性，形态的外形、体面的起伏、扭转等变化需要减弱，要以简洁的造型形态突出装饰内容。

陶瓷首饰因为装饰人体的作用以及和服饰的关系，注定其体量不可过大。这就要求装饰与造型形式的设计与陶瓷首饰的体量相匹配，尽量做到造型简洁，装饰设计依据造型特点来进行。

二、装饰的类型和方法

进行陶瓷首饰造型装饰设计时，我们需要明确装饰的类型和方法，了解不同装饰的类型及其工艺方法，知道不同陶瓷工艺所形成的装饰语言及表达方式。

装饰陶瓷首饰造型时，形象或组织结构上不需要面面俱到，要在装饰中体现简练、抽象化、图案化的形式语言或符号化特征，以更好地展现陶瓷首饰装饰人体的作用与意义。

陶瓷首饰的装饰，按照工艺的不同，可分为坯体装饰、釉料装饰、彩绘装饰、综合装饰等。

1. 坯体装饰

坯体装饰，指的是在未烧结的陶瓷坯体上进行的装饰。坯体因含水量的不同，有软湿或干燥的状态。正是因为坯体不同的干湿状态，陶瓷首饰才有了多种多样的装饰工艺和方法。如压、印、堆、贴、镂，是在软湿的坯体上进行装饰的方法，刻、划、扒、刮等则是在半干或干燥的坯体上应用的装饰方法。这些方法既可以在陶瓷首饰的造型上表现出具体的纹样，也可以形成具有一定秩序感的表面肌理。

（1）压、印

采用压、印的方法形成的装饰，可以运用事先留有纹样或肌理的印章、滚轴、木拍、织物或有肌理质感的石头等工具，在软湿的泥片或泥坯上压印出装饰纹样或肌理。（图 3–21）

（2）堆

堆是指在具有一定湿度的坯体上，用湿泥堆塑出纹样或肌理装饰的方法。这一方法依赖于对泥料塑性的把控，形成的纹样或肌理是泥料塑造性能所赋予的。（图 3–22–1、图 3–22–2）

（3）镂

镂是指在已塑造好的坯体上进行镂空装饰的一种工艺方法。镂空装饰通常在含有一定水分或干燥的坯体上进行，是利用镂扒工具与刻刀配合在坯体上进行纹样的镂刻。（3–23–1、图 3–23–2）

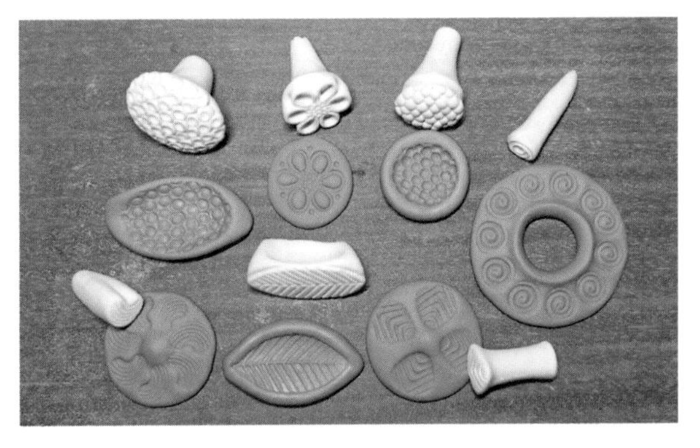

图 3–21　利用印章在湿软的泥坯上进行印纹或肌理装饰

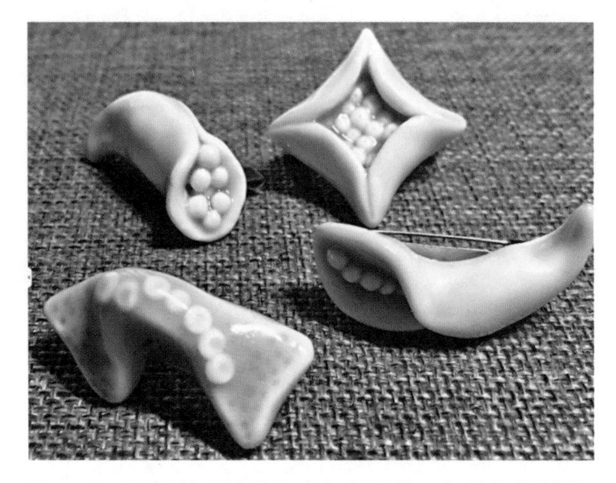

图 3-22-1　陶瓷胸针。材料：瓷泥、青釉、金属配件。工艺：捏塑，堆贴装饰，高温烧制。作者：不详

图 3-22-2　陶瓷耳坠。材料：瓷泥、青釉、银制配件。工艺：捏塑，堆贴装饰，高温烧制。作者：邹晓雯

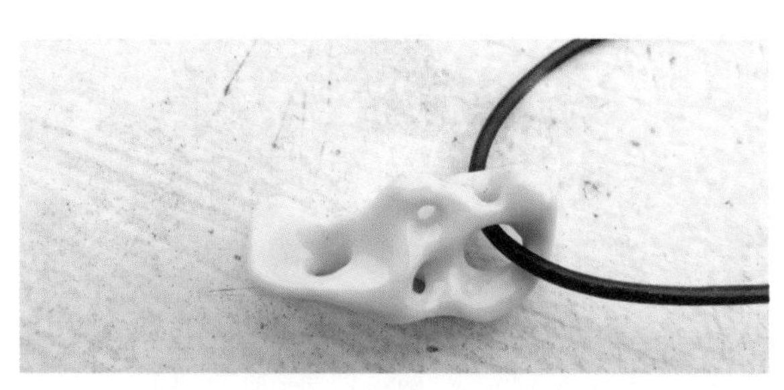

图 3-23-1　陶瓷吊坠。材料：瓷泥、影青釉、皮绳。工艺：捏塑，镂刻，高温烧制。作者：张玥

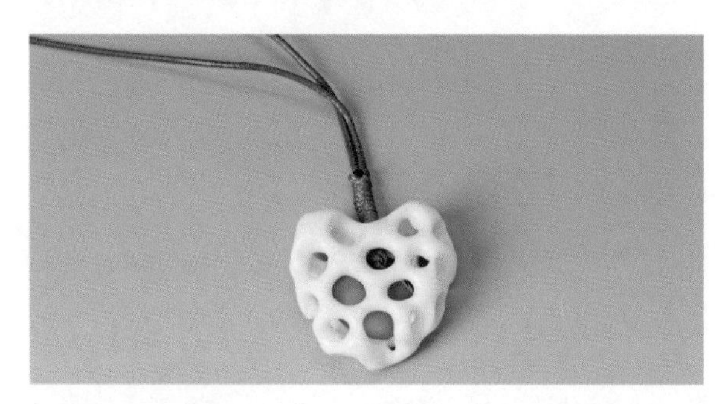

图 3-23-2　陶瓷吊坠。材料：瓷泥、透明釉、人工锆石、编织绳。工艺：捏塑，镂空装饰，高温烧制。作者：石武妹

（4）刻、划

刻是指在半干或干燥的坯体上进行的装饰工艺方法，通常是利用刻刀按照纹样的轮廓进行形象的雕刻。对雕刻好的装饰覆盖上釉料后，烧成后的釉色会随着刻花形象的结构起伏而产生一定程度的深浅变化。（图 3-24-1、图 3-24-2、图 3-24-3、图 3-24-4）

划是指利用针状工具或尖头刻刀在半干的坯体上进行划线装饰，划出的线为“阴线”，呈“U”形或“V”形凹陷。划花装饰在施釉烧成后，釉料由于高温产生流动而填满凹陷部位，故釉色变深，和纹样之外的部分形成深浅对比。（图 3-25-1、图 3-25-2）

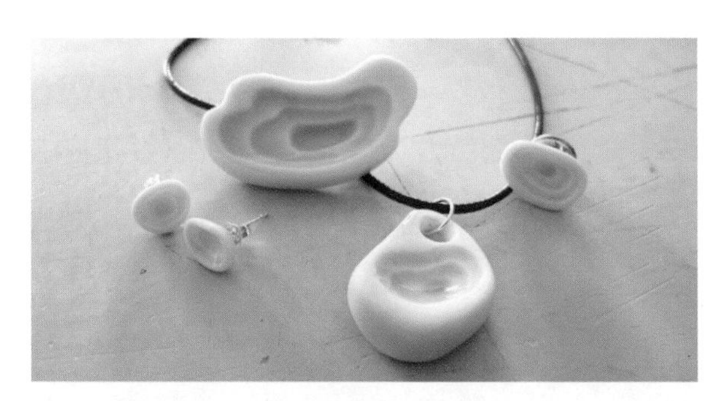

图 3-24-1　陶瓷首饰。材料：瓷泥、影青釉、金属配件、蜡绳。工艺：捏塑，雕刻装饰，高温烧制。作者：不详

图 3-24-2　陶瓷首饰。材料：瓷泥、青釉、编织绳。工艺：捏塑，镂刻装饰，高温烧制。作者：洪燕

图 3-24-3 陶瓷首饰。材料：陶泥、色泥、编织绳。工艺：捏塑，镂刻，高温烧制。作者：洪燕

图 3-24-4 陶瓷吊坠。材料：瓷泥、色料、青釉、编织绳。工艺：捏塑，刻花，高温烧制。作者：翟晴晴

图 3-25-1 陶瓷吊坠。材料：陶泥、化妆土、透明釉、编织绳。工艺：捏塑，剔花，高温烧制。作者：不详

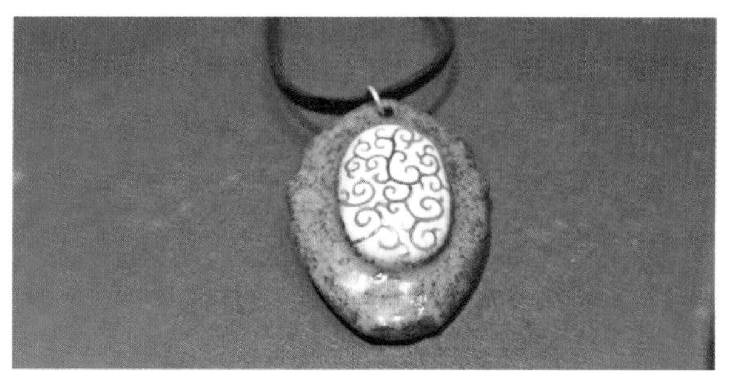

图 3-25-2 陶瓷吊坠。材料：陶泥、化妆土、透明釉、编织绳、金属配件。工艺：捏塑，剔花，高温烧制。作者：秦杰

（5）绞泥装饰

绞泥装饰，也属于坯体装饰的一种，是指利用色剂调制出不同颜色的泥土，按照一定的纹样组织形式进行排列组合，通过按压黏合在一起，切割出所需厚薄的泥片，再将泥片按照需要进行造型或装饰。绞泥装饰呈现的效果、色彩丰富，不同色泥之间的衔接产生浑然天成的色彩变化。（图 3-26-1、图 3-26-2）

图 3-26-1 陶瓷首饰。材料：陶泥、瓷泥、色料、金属配件、编织绳。工艺：泥片成型，绞胎，高温烧制。作者：不详

图 3-26-2 陶瓷耳坠。材料：瓷泥、色料、金属配件。工艺：捏塑，绞胎，高温烧制。作者：不详

2. 釉料装饰

釉料装饰是指釉料因不同的成分、烧成气氛、烧成温度而形成丰富而多样的色彩、肌理和流动性等装饰效果，使陶瓷造型得到进一步美化，拥有更高的审美价值。釉料产生的装饰效果可使陶瓷首饰具有更好的装饰性，它是凸显陶瓷首饰材料属性特点的重要条件，也是陶瓷首饰设计表达色彩审美的主要装饰方法。（图 3–27–1、图 3–27–2、图 3–27–3、图 3–27–4）

图 3–27–1 陶瓷胸针。材料：瓷泥、铁、高温红釉、金属配件。工艺：捏塑，高温烧制。作者：不详

图 3–27–2 陶瓷吊坠。材料：陶泥、无光红釉、编织绳。工艺：捏塑，高温烧制。作者：王研

图 3–27–3 陶瓷胸针。材料：瓷泥、浅蓝花釉、金属配件。工艺：捏塑，高温烧制。作者：钟原

图 3–27–4 陶瓷吊坠。材料：瓷泥、花釉、编织绳。工艺：捏塑，高温烧制。作者：贾旻烨

3. 彩绘装饰

彩绘装饰按照坯体烧成前后的状态分为釉下彩绘和釉上彩绘。釉下彩绘是在施釉前的坯体上进行彩绘的工艺，彩绘出纹样后覆盖透明釉料，再经过高温釉烧后形成具有不同色彩的纹样装饰效果。釉下彩绘主要包括青花（图 3–28–1、图 3–28–2）和釉下五彩（图 3–29–1、图 3–29–2）。

图 3-28-1 陶瓷耳坠。材料：瓷泥、青花料、透明釉、银配件。工艺：泥片成型，釉下彩绘，高温烧制。作者：麦齐笑

图 3-28-2 陶瓷手链"天萃"系列。材料：瓷泥、青花料、透明釉、编织绳。工艺：捏塑，釉下彩绘雕刻，高温烧制。作者：王智元

图 3-29-1 陶瓷胸针。材料：瓷泥、釉下五彩色料、银镀金。工艺：泥片成型，醴陵釉下五彩，高温烧制，激光切割，镶嵌。作者：胡慧

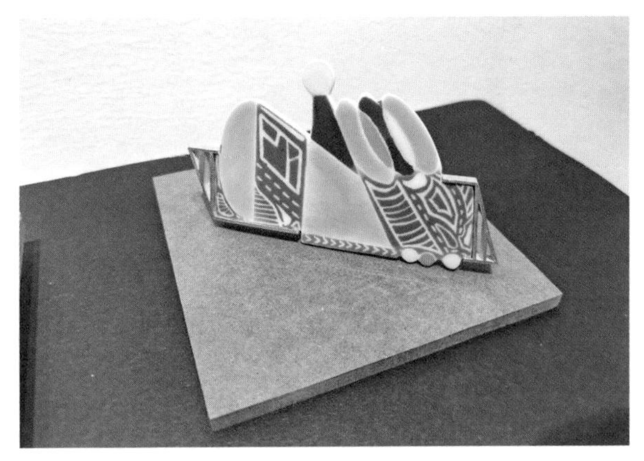

图 3-29-2 陶瓷胸针。材料：瓷泥、釉下五彩色料、银。工艺：泥片成型、釉下彩绘、高温烧制、镶嵌。作者：不详

釉上彩绘是在施釉烧结后的胎体表面进行彩绘的工艺。彩绘出的纹样需要经过 760℃至 800℃的低温烤花后而固着在胎体表面，形成色彩丰富的纹样装饰效果。釉上彩绘主要有古彩、粉彩、新彩、描金、描银等。应用彩绘装饰，我们可以使陶瓷首饰在具有陶瓷材料和工艺属性特点的基础上呈现纹样和色彩的丰富性，实现陶瓷首饰独有的审美价值。（图 3-30、图 3-31、图 3-32、图 3-33）

4. 综合装饰

综合装饰，是指陶瓷装饰工艺和方法的综合应用，即在同一件作品中综合运用两种或两种以上不同属性的装饰工艺方法。应用综合装饰，我们可以使陶瓷首饰具有层次丰富的审美性。（图 3-34-1、图 3-34-2）

图 3-30 陶瓷吊坠。材料：瓷泥、釉上色料、编织绳。工艺：捏塑，高温烧制，古彩彩绘，低温烤花。作者：许纨璐

图 3-31　陶瓷吊坠。材料：瓷泥、木、编织绳。工艺：泥片压制，高温烧制，切割，釉上粉彩，低温烤花。作者：陶典工作室刘晓雷；余建江绘

图 3-32　陶瓷吊坠。材料：瓷泥、新彩颜料、天然石头、银配件。工艺：注浆成型，高温烧制，釉上彩绘，低温烤花。作者：非凡造物

图 3-33　陶瓷胸针。材料：瓷泥、金水、金属配件。工艺：挤泥条，描金，高温烧胎，低温烤花。作者：不详

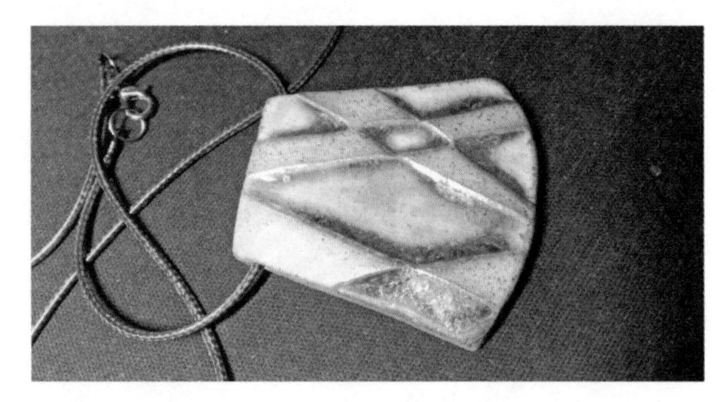

图 3-34-1　陶瓷吊坠。材料：陶泥、编织绳。工艺：泥片成型，雕刻，上色釉，高温还原焰烧成。作者：朱如依

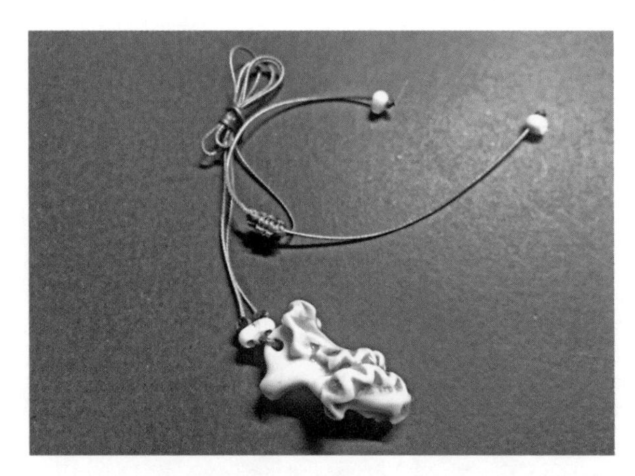

图 3-34-2　陶瓷吊坠。材料：瓷泥、颜色釉、编织绳。工艺：捏塑，压印肌理，上颜色釉，高温烧制。作者：贡佳子

第六节　组合方式设计

陶瓷首饰的佩戴方式在一定程度上也对其形制有所要求。组合方式就是因佩戴功能的要求而具有的一种形制。组合方式通过巧妙的设计安排，不仅可以满足功能需求，也能增加陶瓷首饰形制的多样性和美感，体现设计的作用和价值。陶瓷首饰的组合方式可以通过多个单体造型排列或介入其他材料组合形成。

一、组合方式与设计

在陶瓷首饰设计中，我们可以采用单个造型或组合的方式形成具有佩戴功能的首饰品种。单个造型的陶瓷首饰，在形式上完全依赖造型形态的设计创意和材料、工艺的应用，在设计上需要丰富的经

验和较强的能力。而以组合方式形成的陶瓷首饰，可以通过巧妙的组合方式强化造型形式的多样变化。组合方式通常是将多个造型组合在一起，形成具有一定佩戴功能的陶瓷首饰，而多个造型的组合可以通过多种方式得以实现。但是，基于组合方式形成的造型形式，不是随意而毫无秩序地组合拼凑，而是在体现创意和形式美感的基础上体现材料主体的特征，凸显佩戴的功能，反映与服装服饰的关系。

在进行组合设计时，我们可以通过以下方式产生陶瓷首饰的不同造型形式。

1. 在造型统一的基础上寻求变化

组合设计中，个体的造型、形态一致或近似，可以通过改变造型的大小、色彩、泥料质感、处理工艺等方式，在统一中寻求变化。（图 3–35）

2. 在多种造型变化中寻求统一

组合设计中，多种造型的个体结合在一起呈现造型的变化时，为在不同的造型中体现统一，可以采用同样的泥料塑型，以一致的形式进行造型的装饰，或者个体使用同样色彩的釉料，从而使个体间形成有机联系。造型的多样变化还可以采用合适的方式，使组合设计在变化中体现统一。（图 3–36–1、图 3–36–2）

3. 与其他材料组合时突出陶瓷材料的主体性

在陶瓷首饰设计中，运用综合材料和工艺是一种趋势。与其他材料结合设计，一方面体现了陶瓷首饰材料的多样变化，另一方面促进了设计创新。在与金属、木材、皮革、人造材料等的结合中，陶瓷材料的主体地位是需要体现的，否则陶瓷首饰就名不副实了。无论其他材料如何丰富，但在陶瓷首饰组合设计中，我们都需要考虑陶瓷材料的主体性。（图 3–37–1、图 3–37–2）

4. 不同泥料的组合

在陶瓷首饰设计中，陶瓷泥料的多样性组合是

图 3–35 陶瓷项链。材料：瓷泥、金属配件。工艺：捏塑，高温烧制。作者：不详

图 3–36–1 陶瓷项链“佛光”系列。材料：瓷泥、色釉、编织绳。工艺：捏塑，刻花，镂空，高温烧制。作者：王智元

图 3–36–2 陶瓷项链。材料：瓷泥、金属配件、珍珠。工艺：捏塑，高温烧制。作者：孙小丽

图 3-37-1 陶瓷项链。材料：瓷泥、银线、编织材料等。工艺：捏塑成型，高温氧化焰烧制。作者：郑研（全国美展参展作品）

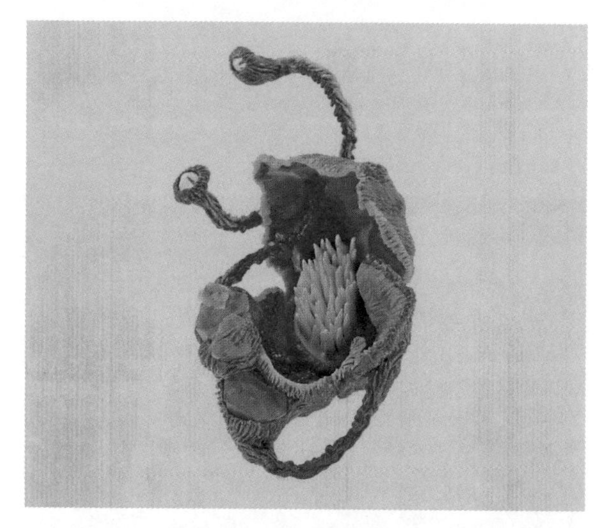

图 3-37-2 胸针。材料：色泥、树脂、天然石头。工艺：捏塑，氧化焰烧制，3D 打印，粘接。作者：刘慕君

图 3-38-1 陶瓷吊坠。材料：陶泥、瓷泥、编织绳。工艺：泥片切割，高温烧制。作者：不详

图 3-38-2 陶瓷吊坠。材料：陶泥、瓷泥、编织绳、金属配件。工艺：捏塑，高温烧制。作者：梁馨文

在材料自身范围内的灵活应用。陶泥和瓷泥的组合，可以通过个体造型采用不同的泥料塑造来体现；也可以以一种泥料为主体材料，另一种泥料作为附属材料与主体材料结合使用，使组合设计体现出不同泥料所带来的质感变化。（图 3-38-1、图 3-38-2）

二、与其他材料相结合的设计

在陶瓷首饰设计中考虑与其他材料的结合，从设计层面而言可以极大地丰富材料语言。不同的材料语言是通过材料的不同质感、色彩、艺术处理手法得以体现的。从陶瓷首饰功能的角度而言，与其

他材料结合，可以很好地解决陶瓷首饰的佩戴问题。从陶瓷材料因为外力的作用而易碎这一角度来说，与其他材料结合，可以消解陶瓷材料易碎的缺点。与其他材料以不同的方式结合在一起，在一定程度上也是体现材料差异性审美的方式和途径。但是，陶瓷首饰的材料属性是我们进行设计时需要着重关注的。也就是说，其他材料的运用不应喧宾夺主，要让陶瓷材料的主体性在与其他材料的结合中得到体现。

陶瓷首饰与金属材料结合，可以运用金属加工工艺实现金属结构部分与陶瓷材料部分的结合，使它们在陶瓷首饰造型中成为统一整体。这不仅解决了陶瓷首饰的佩戴问题，而且可以展现两种材料、两种工艺赋予陶瓷首饰在材料质地上的碰撞之美，让陶瓷首饰在金属材料的烘托下更加精致，更加具有首饰感。与贵重金属的结合，既体现了陶瓷材料、陶瓷工艺用于首饰设计的特殊性，也在一定程度上增加了陶瓷首饰的经济价值、收藏价值。

陶瓷首饰与木材、皮革结合，可以反映出材料软硬的不同质感，陶瓷烧成后的坚硬与木材、皮革相对的软，形成鲜明的对比。材料质感的多样性具有很好的装饰作用。我们从色彩、形状、肌理等多个角度进行整体设计和安排，可以更好地体现陶瓷首饰的装饰作用。

陶瓷首饰与人造材料，如编织材料、织物、亚克力、人造宝石、人造水晶、锆石等结合的设计，需要考虑和这些材料进行不同方式的结合，发挥其他材料与陶瓷材料组合在一起产生的不同视觉感受，借助设计手段和方法体现出不同材料在色彩、质感、肌理、形状等方面的差异性，进而在陶瓷首饰中形成统一。例如：利用人造钻石闪亮的质感和鲜亮的色彩与陶瓷首饰进行合理结合，可以表现出两种材质对比而产生的美感，又在一定程度上提高了陶瓷首饰的工艺价值，并反映了陶瓷首饰的特点。（图3-39-1、图3-39-2）

图3-39-1 陶瓷饰品。材料：瓷泥、织物、青釉。工艺：模具成型，捏塑成型，高温烧制。作者：张舟

图3-39-2 陶瓷吊坠。材料：瓷泥、人造锆石、金属配件。工艺：捏塑成型，镂刻装饰，高温烧制。作者：石武姝

第七节 功能的体现

设计陶瓷首饰时体现陶瓷材料的特点是重要的。借助陶瓷材料和工艺表达方式赋予陶瓷首饰特定的美与佩戴方式，与佩戴者、服装服饰建立起合理的

关系，是陶瓷首饰在功能上的必然要求。

陶瓷首饰作为可起美化、装饰人体作用的首饰类型之一，佩戴以及佩戴方式是它直接的功能体现。陶瓷首饰设计也要考虑与服装服饰的搭配关系，这是在体现功能的基础上提出的更高要求。在一定程度上，陶瓷首饰和服装服饰共同作用，能够满足人对于个体意识的张扬与尊重，满足人们心理上对美的诉求、对个性和品位的追求。尽管陶瓷首饰与服装服饰在功能上处在同一层次，但是它在服装服饰中却处于“非主导”地位。这就决定了陶瓷首饰与服饰应该相辅相成。陶瓷首饰在功能上所起的作用不是孤立的个体存在可以达成的，要与服装服饰结合才是完整的。

一、佩戴功能的体现

陶瓷首饰的佩戴功能需要通过其他材料的协助才能实现，就好比贵重宝石需要金属材料的介入才能实现佩戴功能一样。金属、编织等材料在陶瓷首饰中是常用的材料，这些材料通过加工工艺可以起到实现陶瓷首饰佩戴功能的作用。例如：戒托、金属扣环、编织绳等，都可以帮助陶瓷首饰实现佩戴功能。在设计中体现陶瓷首饰的佩戴功能，合理运用其他材料与陶瓷材料结合就非常关键。这就要求我们在设计时深入思考佩戴功能如何实现、采用什么材料及其工艺介入。

作为陶瓷首饰设计的对象，佩戴者是我们进行设计时直接的目标对象，关注目标对象的佩戴体验是我们无法回避的。陶瓷首饰在审美表达的基础上重视对人心理状况和心理需求的满足与关怀，体现佩戴的舒适属性。设计的最终目的不是设计本身，而是为了满足人的需要，实现人与物之间的和谐关系。

陶瓷首饰在材料上有它的局限性，易碎对于首饰而言是致命的弱点，这一点在进行设计时是需要考虑的。虽然陶瓷材料烧成后的硬度及耐磨损程度是其他材料所不及的，但是抗外力击打能力却不如金属、木材等材料，因此设计中应尽量避免纤细、过长、过薄的造型，或者通过改变造型形制并介入其他材料和工艺来实现设计意图。

陶瓷材料在烧成后比重会变大，这也就意味着体量过大、过于厚重的造型会影响佩戴体验。这一点也需要在设计中加以考虑，应尽量避免体量较大的造型设计。

人们在佩戴陶瓷首饰时通常与肌肤或服装面料接触。我们在设计时需要考虑到陶瓷材料烧结后变得坚硬这一特点，造型结构或装饰要尽可能地避免出现尖刺状结构或尖锐的角。一方面，可以避免硬而尖的结构给身体肌肤带来伤害的可能性；另一方面，避免过于尖细、纤薄的造型结构在佩戴时容易破损。

二、体现与服装服饰的关系

如果从陶瓷首饰与人的关系这一角度来看，它是服饰构成的一部分。因此，陶瓷首饰的设计同样需要考虑和服装、其他服饰之间的搭配关系，这是装饰美化作用于人的内在要求。无论是从设计者还是接受者的角度，考虑首饰与服装服饰的搭配关系是出发点，它应与服装服饰形成和谐的关系。这样的话，对于陶瓷首饰来说，装饰美化作用于人才能得以体现，否则可能是“画蛇添足”或“过犹不及”。

设计者还需要认识到陶瓷首饰的个体造型再完美，没有考虑与服装服饰的特点相和谐，它的作用就可能是反方向的。陶瓷首饰在设计中体现的特点和人们的服装服饰在型、色、质感等方面形成和谐的关系，才会起到装饰和美化人的作用。古希腊美学家毕达哥拉斯认为：“美就是和谐。”和谐既产生于对立面之间的差别，也是对立面的协调统一。“真正的和谐恰恰是由于相对立的、矛盾着的、有差异的因素，经过设计者独具匠心的巧妙安排和处理，达到了一种新的结合关系。”[1]也就是说，在陶瓷首饰设计中，材料质感的体现、色彩的运用、工艺语言的表达，以及和其他材料及工艺的结合等因素，都会赋予陶瓷首饰极为丰富的外在形式。不同的形式语言经过巧妙的设计并加以综合利用，会给陶瓷首饰带来新的面貌，但是这需要建立在与服装服饰的和谐关系之上。

1　丁珊编:《杨永善文集》: 山东美术出版社，2013，第 121–122 页。

第四章
陶瓷首饰的制作和烧成

利用工具辅助造型和装饰

制作工艺

施釉和烧成

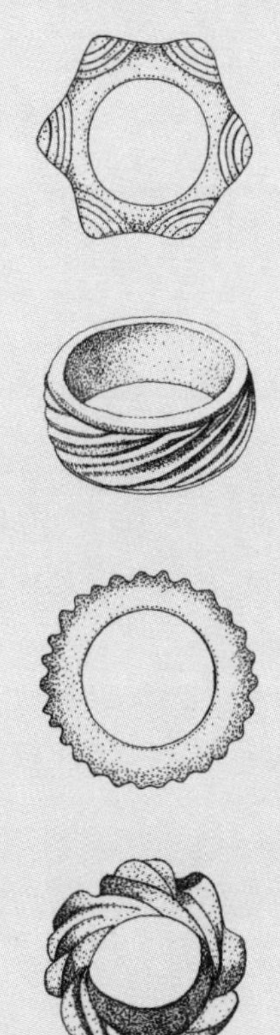

第一节　利用工具辅助造型和装饰

在漫长的陶瓷艺术发展历史中，丰富多样的陶瓷造型和装饰、形态和样式由简单到复杂、由粗率到精细的变化，必然离不开工艺技术的进步和人们审美观念的变化。这些变化同样离不开各种工具的发明和使用。正是历代陶工利用自己创造的工具，成就了各种各样的陶瓷造型、陶瓷装饰的工艺和方法。

我们的双手在大脑的支配下，具有非凡的创造力。双手制造工具是为了更好地辅助我们进行创造性活动。工具在一定意义上是人手的延伸，制作陶瓷造型或者为造型进行装饰。当我们徒手无法实现工艺操作时，手拿着合适而有效的工具进行操作就变得不一样了。借助工具，我们可以事半功倍地实现审美创造。正如《论语·卫灵公篇》中《子贡问为仁》的一段话中，子曰："工欲善其事，必先利其器……"虽然孔子是借用工匠做事和利器之间的关系来表达他的政治思想，其中却隐含了关于"利器"对工匠技术发挥有效性的认识。

"设计"和"制作"，作为陶瓷首饰创作的两个环节，对于初学者而言，既是相互独立的环节，又是相互联系和相互关照的整体。如何更好地实现自己的设计，实践操作中采用什么样的方法和手段，是解决问题的关键。工具的使用就成为实践操作过程中极为重要而有效的手段和方法。学会利用工具辅助造型和装饰，将对设计方案的实现发挥重要的作用，创造力也会因为工具的作用而被进一步地激发出来。

一、工具

陶瓷首饰在体量上和陶瓷艺术品有着极大的差异。在用泥进行首饰形态的塑造时，徒手操作有时会令人感到无从下手。如果学会使用工具，制作过程就会变得得心应手。制作过程中我们所用工具的体量和形制需要与陶瓷首饰的体量、结构相匹配。

制作陶瓷首饰常用到的工具有竹制或木制工具以及用金属材料制作的工具。工具的形制没有固定模式，这与不同的陶瓷首饰造型和装饰需采用不同的工具有关。有些工具需要根据实际需要自行制作；有些现有的陶艺工具、雕塑工具，其用途被开发，也可以成为制作陶瓷首饰的工具。

1. 竹、木工具

用途：擀压泥片、塑造形态、修整泥坯、刻划线条、压印肌理等。（图 4–1）

图 4–1　竹、木工具

2. 用锯条磨制的工具

用途：切割泥料；刨刮、修整坯体；雕刻、镂空、刻划线条或制作肌理。（图 4–2）

3. 打孔工具

用途：打孔、镂空装饰，辅助实现陶瓷首饰的

佩戴功能。（图 4–3）

4. 印纹工具

用途：进行印纹或肌理装饰。（图 4–4）

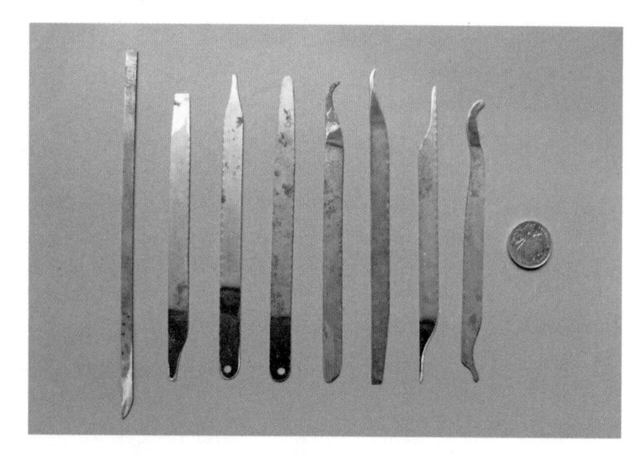

图 4–2 用锯条磨制的工具

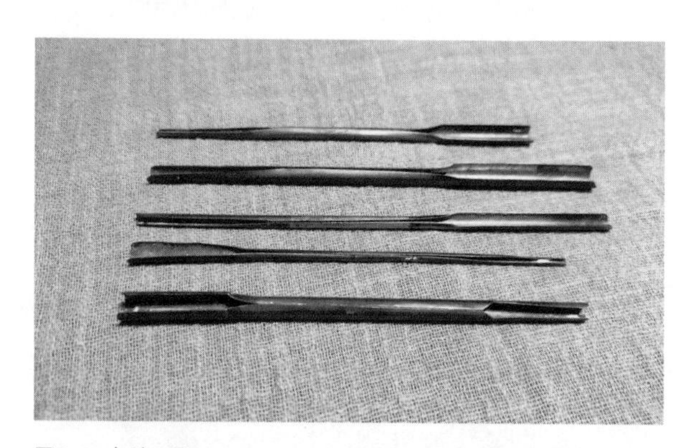

图 4–3 打孔工具

图 4–4 印纹工具

二、利用工具辅助造型

1. 利用工具塑造空心圆管造型

步骤 1：搓制粗泥条，将其滚圆至粗细均匀。（图 4–5–1）

步骤 2：用一头细一头粗的竹签插入泥条一侧圆面中心的位置，一边滚动泥条，一边推入竹签。（图 4–5–2）

步骤 3：当竹签穿过泥条形成泥管的锥形后，从另一侧再次将竹签插入泥管，继续滚动泥管，使泥管两头直径尽量保持一致。（图 4–5–3）

图 4–5–1 步骤 1

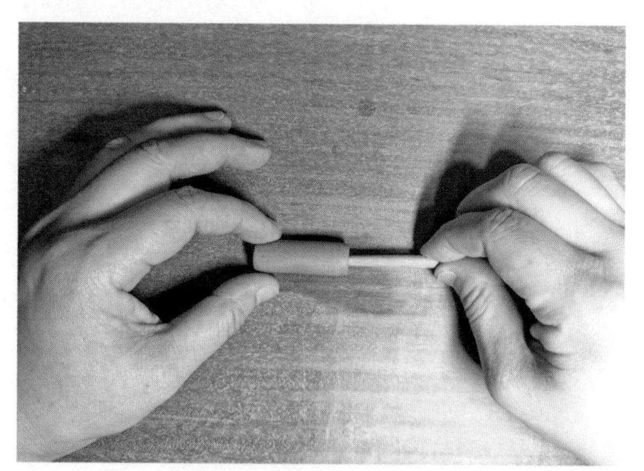

图 4–5–2 步骤 2

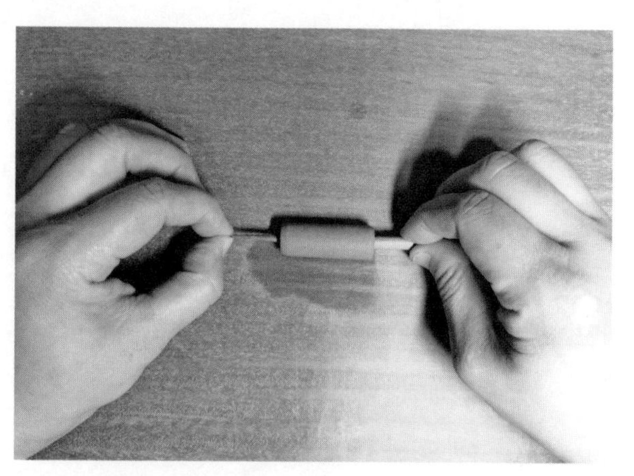

图 4–5–3 步骤 3

步骤 4：当泥管直径变大后，换一根粗一些的圆竹棍继续滚圆泥管。注意：泥管壁的厚薄要一致，不可过厚或过薄。（图 4–5–4）

步骤 5：将泥管两头修理平整，刷上泥浆。（图 4–5–5）

步骤 6：将事先准备好的泥片与泥管粘接牢固，使其形成一个封闭的圆管造型。（图 4–5–6）

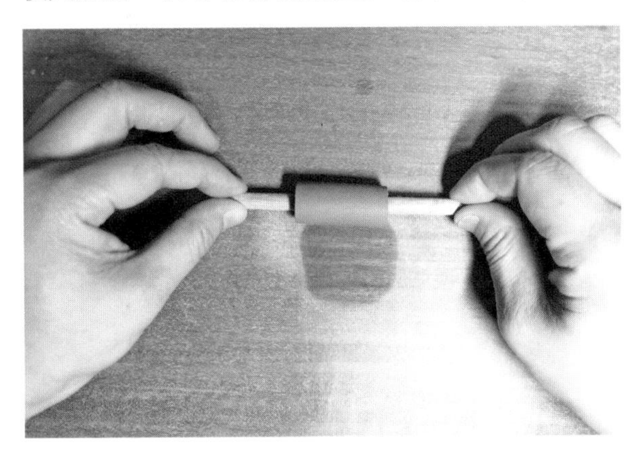

图 4–5–4 步骤 4

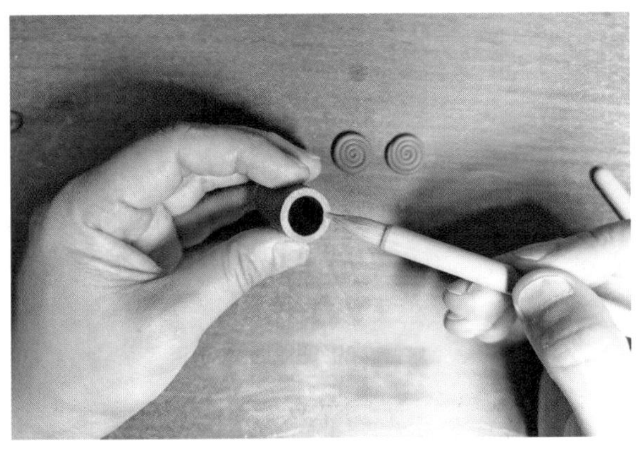

图 4–5–5 步骤 5

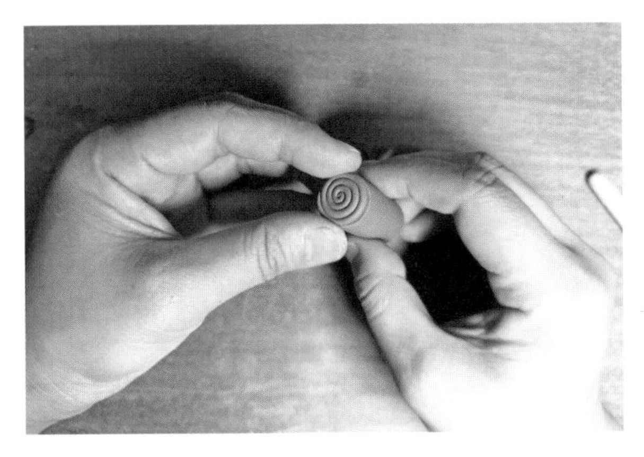

图 4–5–6 步骤 6

步骤 7：搓制一根细泥条，将其粘在泥片和泥管的接缝处。（图 4–5–7）

步骤 8：用竹刀将泥条的一侧擀压平整，与泥管坯体融合。（图 4–5–8）

步骤 9：利用打孔工具进行镂空装饰。（图 4–5–9）

图 4–5–7 步骤 7

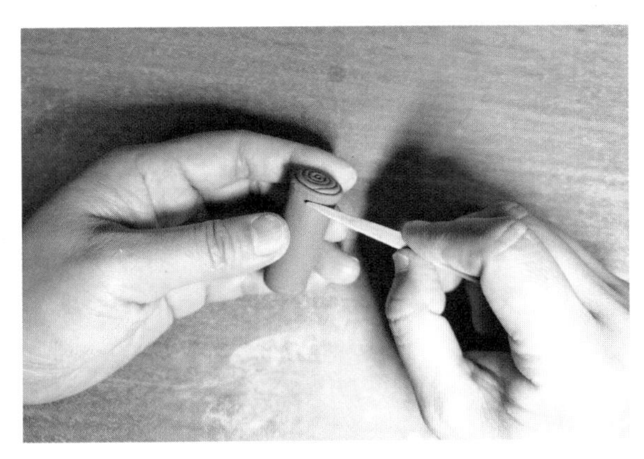

图 4–5–8 步骤 8

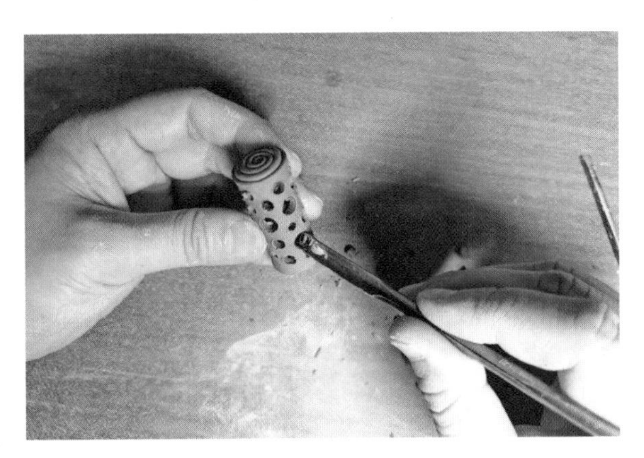

图 4–5–9 步骤 9

步骤 10：用尖刀类工具将圆孔周边修理至光滑，再用含水的毛笔修整圆孔，使其更加光滑、圆润。

（图 4–5–10）

步骤 11：造型完成。（图 4–5–11）

图 4–5–10　步骤 10

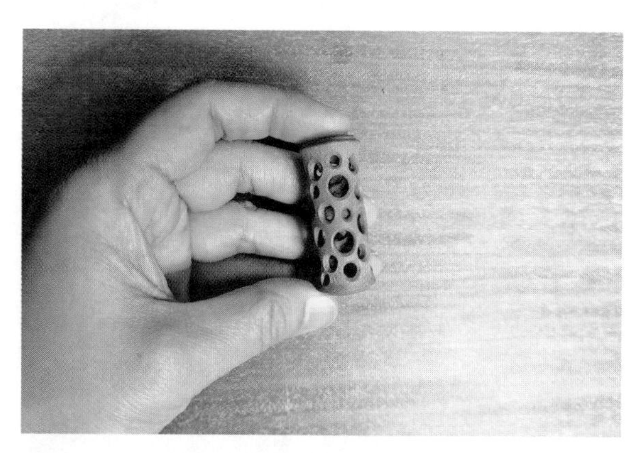

图 4–5–11　步骤 11

2. 利用工具摁压成型

步骤 1：将一头粗一头细的泥条捏成图中的形状。（图 4–6–1）

步骤 2：将工具压在泥片上，使泥片与工具贴合。注意：工具在泥片上的位置要适当。（图 4–6–2）

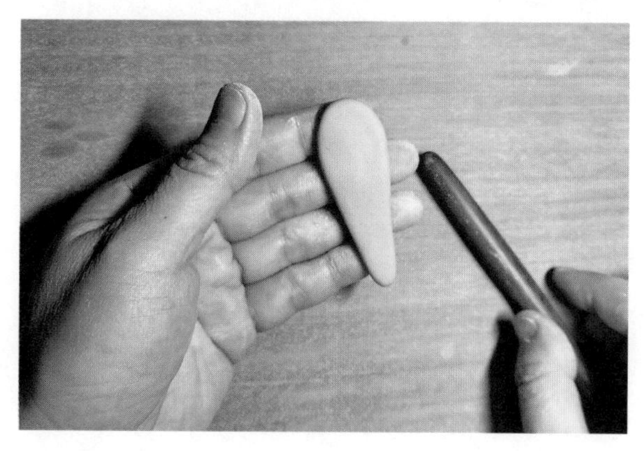

图 4–6–1　步骤 1

图 4–6–2　步骤 2

步骤 3：左手掌心配合右手摁压滚动工具，直到泥片形成所需的造型。（图 4–6–3）

步骤 4：将工具与泥坯分离。此时由于工具与泥坯黏合得较为紧密，取出工具时我们需要有耐心，以免破坏造型。（图 4–6–4）

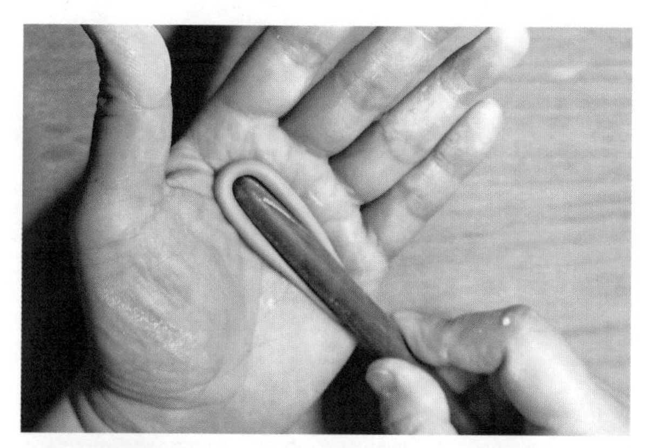

图 4–6–3　步骤 3

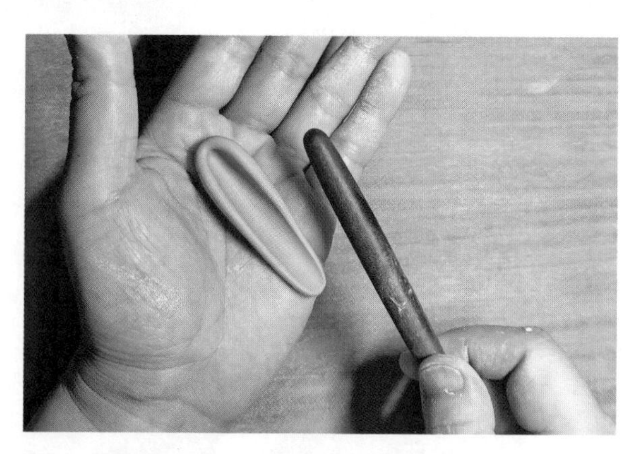

图 4–6–4　步骤 4

步骤 5：根据自己对造型的理解调整造型的形态。（图 4–6–5）

步骤6：用竹刀修整造型。（图4–6–6）

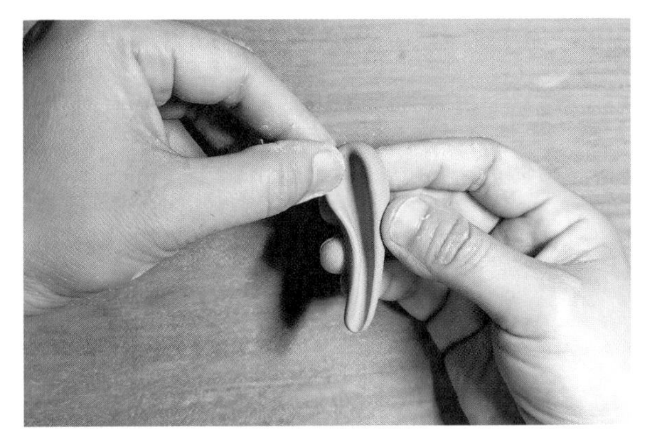

图4–6–5 步骤5

图4–6–6 步骤6

3. 利用工具“环绕”成型

步骤1：将准备好的泥片环绕在一头粗一头细的圆形木棍上。（图4–7–1）

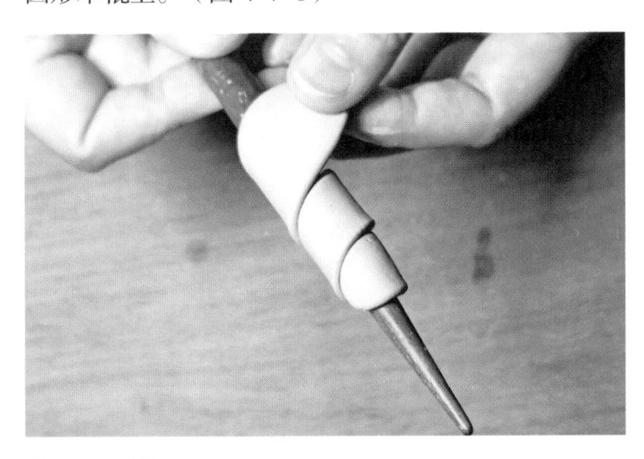

图4–7–1 步骤1

步骤2：用手指慢慢将泥片捏塑出凹形面。（图4–7–2）

步骤3：在泥片的连接处涂刷泥浆。（图4–7–3）

步骤4：将粘接好的造型从木棍上取出。（图4–7–4）

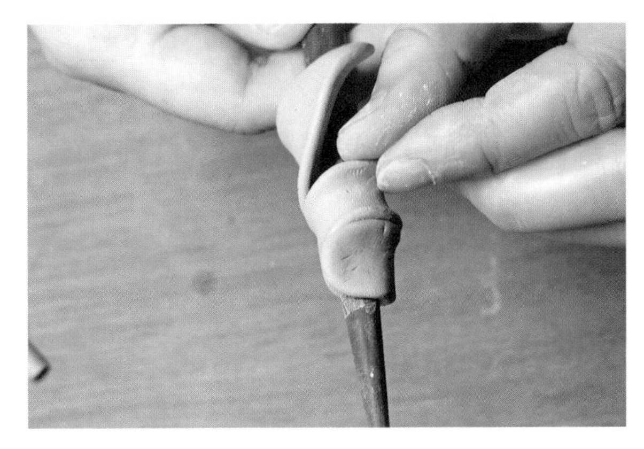

图4–7–2 步骤2

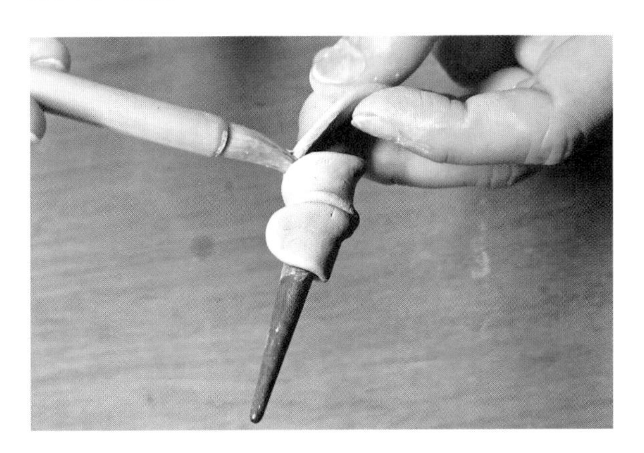

图4–7–3 步骤3

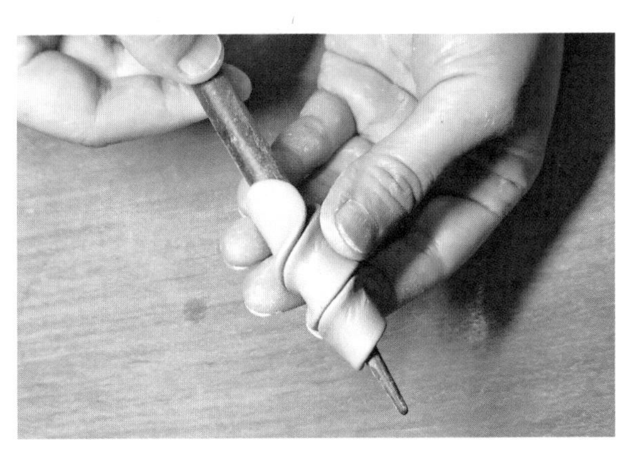

图4–7–4 步骤4

步骤5：在造型封口处涂刷泥浆并粘接牢固。（图4–7–5）

步骤6：捏实粘接面。（图4–7–6）

步骤7：调整造型。（图4–7–7）

步骤8：用竹刀抹平粘接面。（图4–7–8）

图 4-7-5 步骤 5

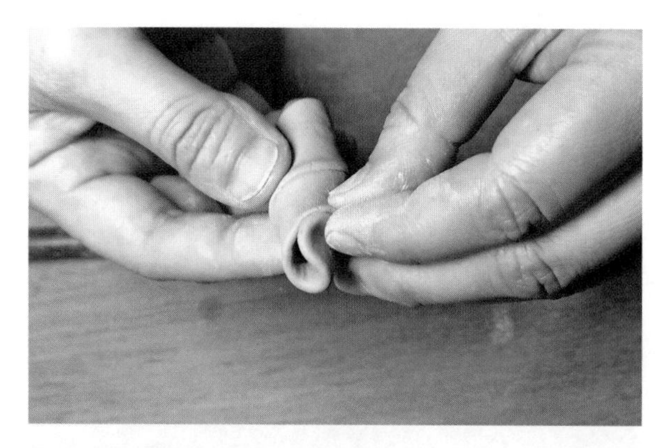

图 4-7-6 步骤 6

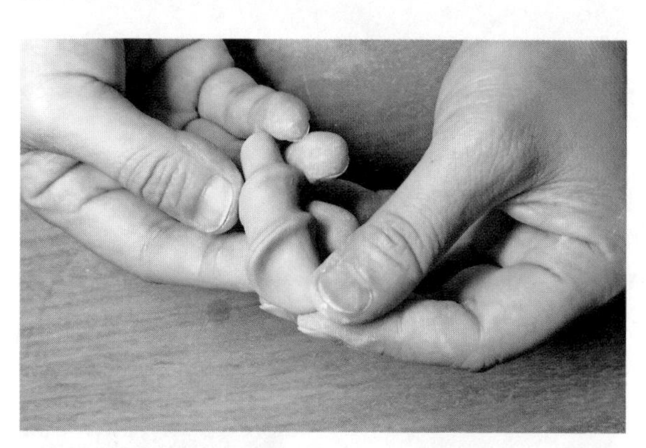

图 4-7-7 步骤 7

图 4-7-8 步骤 8

步骤 9：最后再次用竹刀将塑好的造型修整光滑。（图 4-7-9）

图 4-7-9 步骤 9

三、利用工具进行装饰

1. 利用竹刀压印肌理

步骤 1：用竹刀在泥片上压印肌理。（图 4-8-1）

步骤 2：根据设想用竹刀塑形。（图 4-8-2）

图 4-8-1 步骤 1

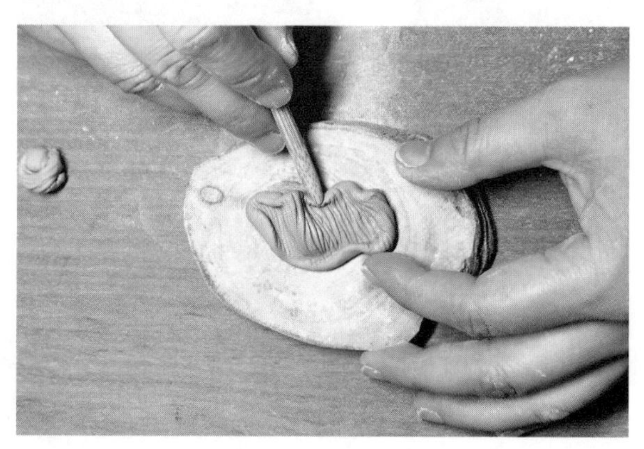

图 4-8-2 步骤 2

2. 利用印章制作印纹或肌理装饰

利用印章制作印纹或肌理装饰。（图 4–9）

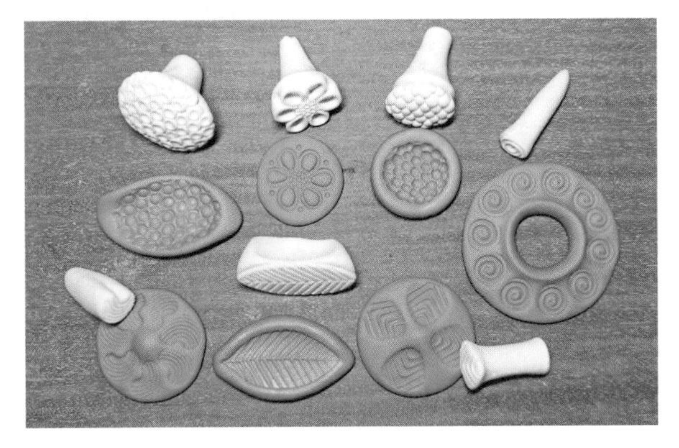

图 4–9 制作印纹或肌理装饰

3. 利用打孔工具进行镂空装饰

利用打孔工具在泥坯上进行镂空装饰。（图 4–10）

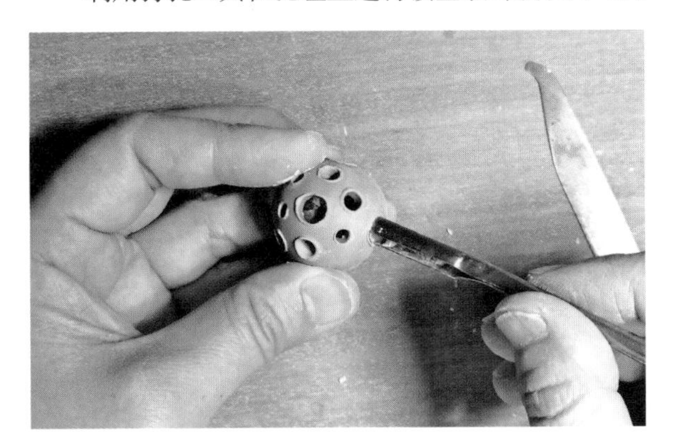

图 4–10 镂空装饰

4. 利用圆头工具进行装饰

圆头工具。（图 4–11）

步骤 1：利用圆头工具在小圆泥片上摁压出碗状造型。（图 4–12–1）

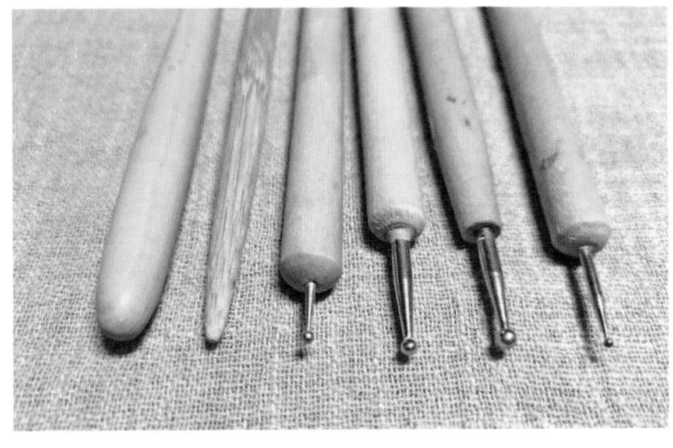

图 4–11 圆头工具

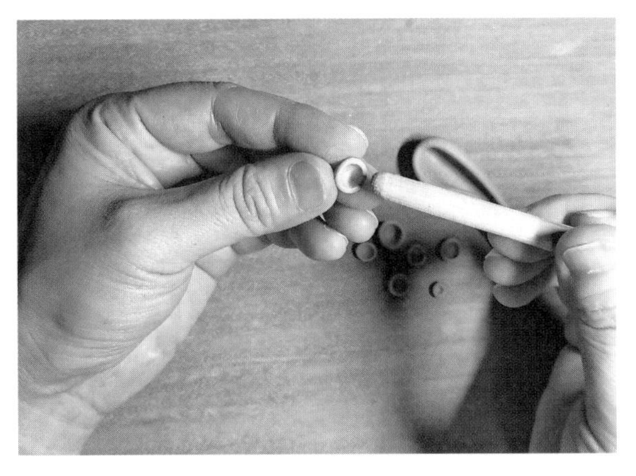

图 4–12–1 步骤 1

步骤 2：将坯体需要装饰的部位刷上泥浆，再将事先准备好的大小不同的“小碗”与坯体粘牢。（图 4–12–2）

步骤 3：调整“泥碗”的形状。（图 4–12–3）

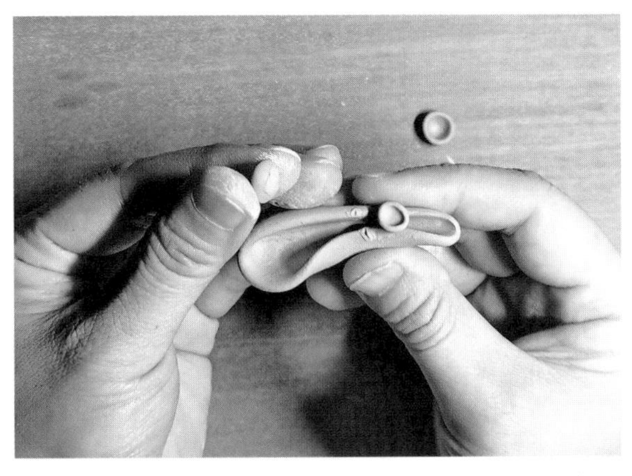

图 4–12–2 步骤 2

图 4–12–3 步骤 3

步骤 4：泥坯装饰完成。（图 4–12–4）

图 4–12–4　步骤 4

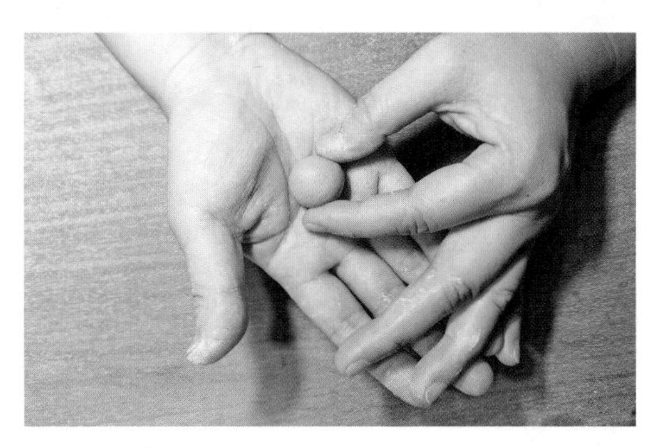

图 4–13–1　步骤 1

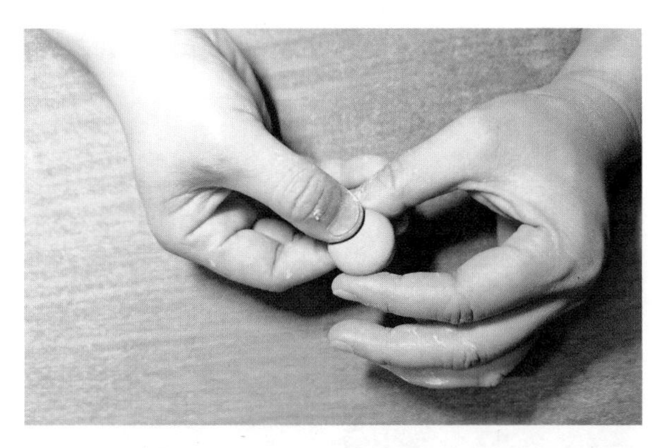

图 4–13–2　步骤 2

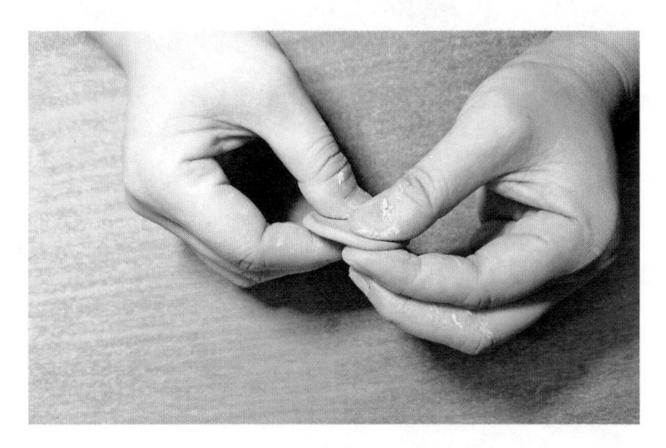

图 4–13–3　步骤 3

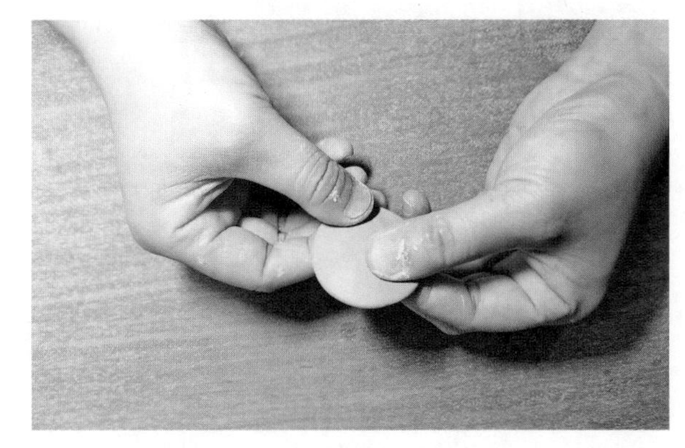

图 4–13–4　步骤 4

第二节　制作工艺

一、成型

进行陶瓷首饰造型的塑造时，适合我们采用的成型方法主要有捏塑成型、泥条成型、泥片成型、掏挖成型、模具成型等。由于陶瓷首饰的体量较小，这些成型方法和一般陶瓷艺术作品的成型工艺过程是有所不同的。一定程度上说，掌握了泥料的塑造性能，在头脑中形成了造型样式的雏形，陶瓷首饰的成型过程相对而言就变得容易很多。

1. 捏塑成型

捏塑成型，是指利用泥料的可塑性，借助简单的工具，徒手塑造陶瓷首饰造型的方法。采用捏塑的方法捏制陶瓷首饰的造型，不像捏塑碗、盘、杯、碟这些功能性器物，要考虑器壁的厚薄、造型是否会变形等问题。陶瓷首饰造型的体量较小，只要造型能够被捏制出来，通常情况下，我们不用担心它在烧成过程中有变形的可能。因此，捏塑成型是陶瓷首饰较为常用的一种成型方法。

造型一

步骤 1：取一团泥搓成圆球形。（图 4–13–1）

步骤 2：将圆球捏成扁圆形。（图 4–13–2）

步骤 3：先捏薄圆泥片的边缘。（图 4–13–3）

步骤 4：再将圆泥片中间捏薄。（图 4–13–4）

步骤 5：将泥片的边缘往里卷曲。注意：手法要轻，避免坯体表面出现裂痕。（图 4–13–5）

步骤 6：塑形，为避免变形可以用小木片托住造型。（图 4–13–6）

步骤 7：装饰泥点，先在装饰部位涂刷泥浆再粘上泥点。（图 4–13–7）

步骤 8：利用圆头工具戳印出凹坑。（图 4–13–8）

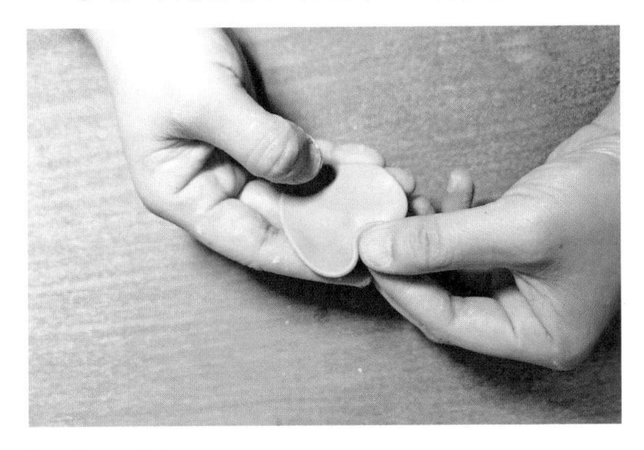

图 4–13–5 步骤 5

图 4–13–6 步骤 6

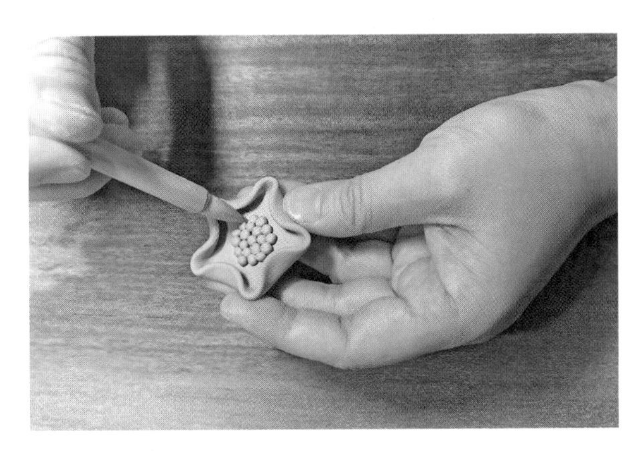

图 4–13–7 步骤 7

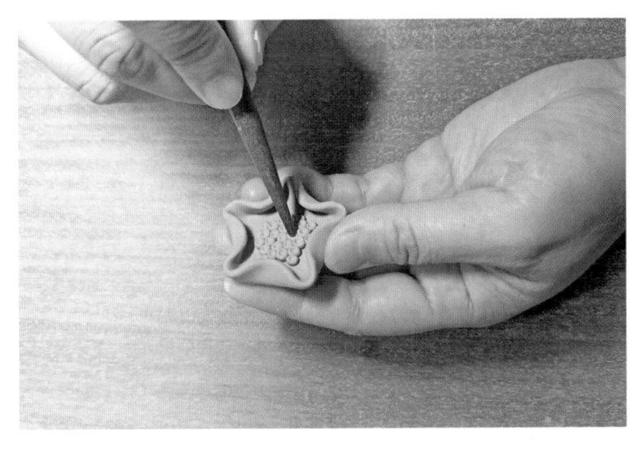

图 4–13–8 步骤 8

造型二

步骤 1：用尖头工具在泥片中间戳出圆洞。（图 4–14–1）

步骤 2：将戳有圆洞的泥圈套在圆木棍上，手指均匀用力转着圈地挤压泥圈，使泥圈逐渐变薄。（图 4–14–2）

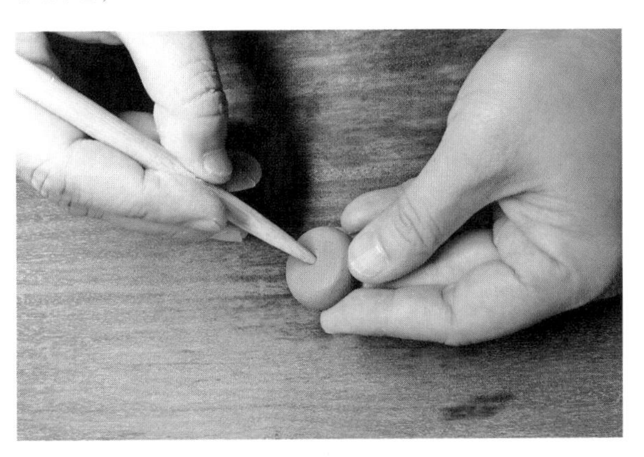

图 4–14–1 步骤 1

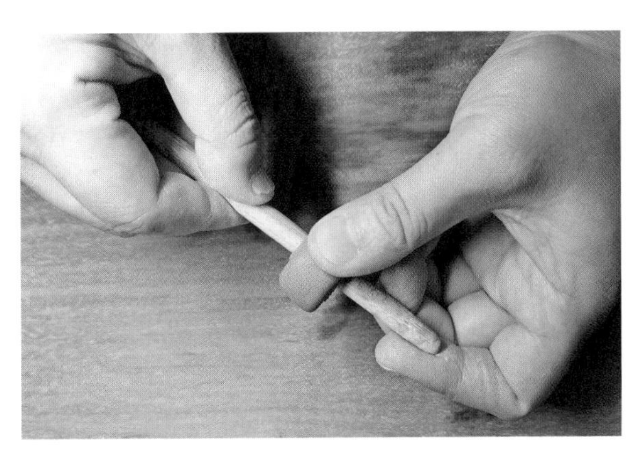

图 4–14–2 步骤 2

步骤 3：换一根粗一些的圆木棍继续按步骤 2 扩大泥圈。（图 4-14-3）

步骤 4：再用手指继续转圈捏薄泥圈边缘。（图 4-14-4）

步骤 5：由于在捏塑的过程中，手的温度会使泥圈中的水分蒸发，需要在泥圈内外刷一些水，以避免坯体表面产生裂纹。（图 4-14-5）

图 4-14-3 步骤 3

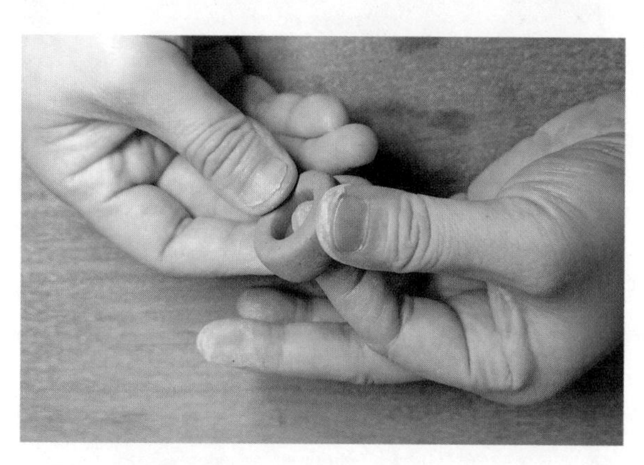

图 4-14-4 步骤 4

图 4-14-5 步骤 5

步骤 6：在继续捏大泥圈的同时，捏薄泥圈边缘。（图 4-14-6）

步骤 7：将泥圈的壁捏至厚薄合适的程度。（图 4-14-7）

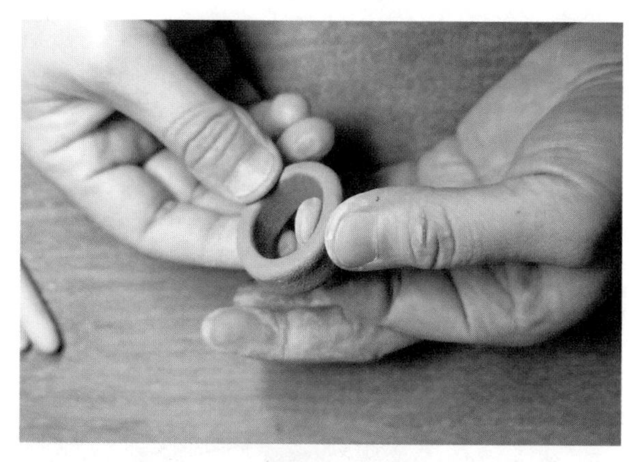

图 4-14-6 步骤 6

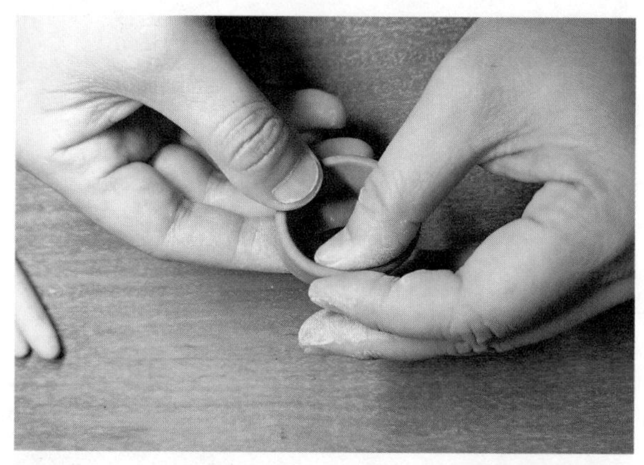

图 4-14-7 步骤 7

步骤 8：待泥圈边缘达到厚薄合适的程度，再捏薄中间的部位。（图 4-14-8）

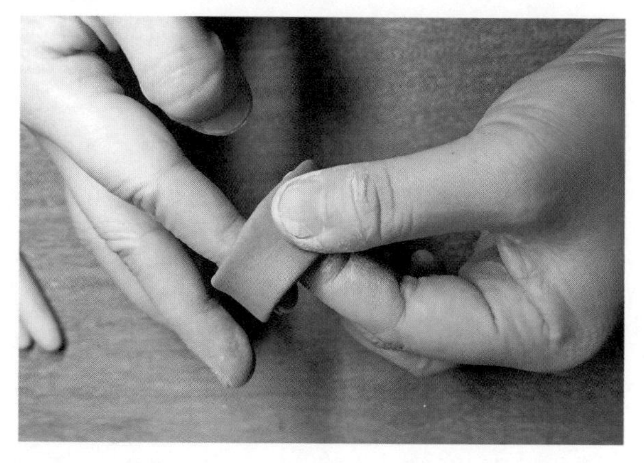

图 4-14-8 步骤 8

步骤 9：为避免坯体表面出现裂纹，用含水的毛笔给泥坯补充水分。（图 4–14–9）

步骤 10：将泥圈边缘小心地、一点一点地向内弯曲，使泥圈表面形成弧面。（图 4–14–10）

步骤 11：在塑形的过程中需要时常涂刷适量的水以软化泥坯表面。（图 4–14–11）

步骤 12：调整造型。（图 4–14–12）

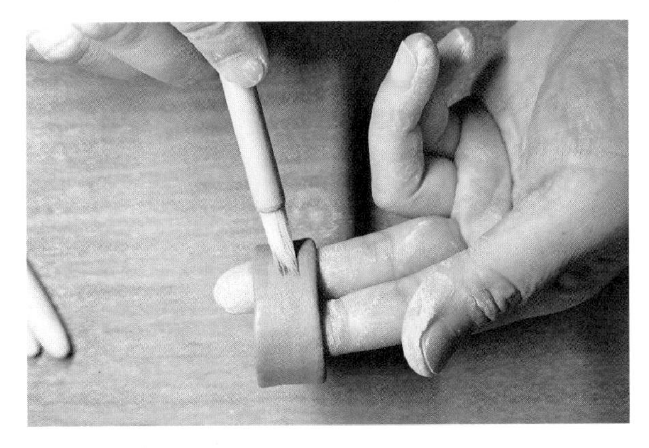

图 4–14–9 步骤 9

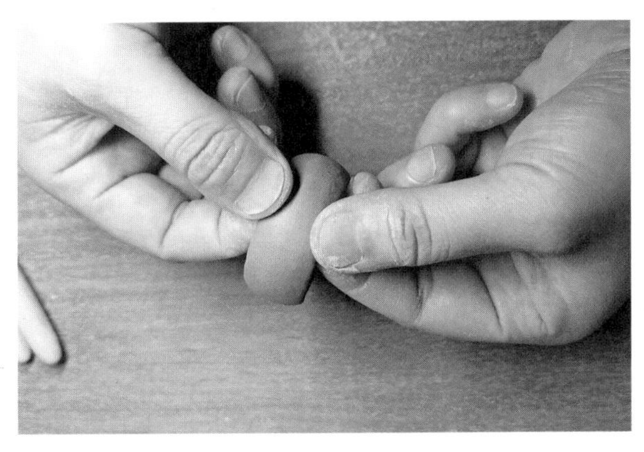

图 4–14–10 步骤 10

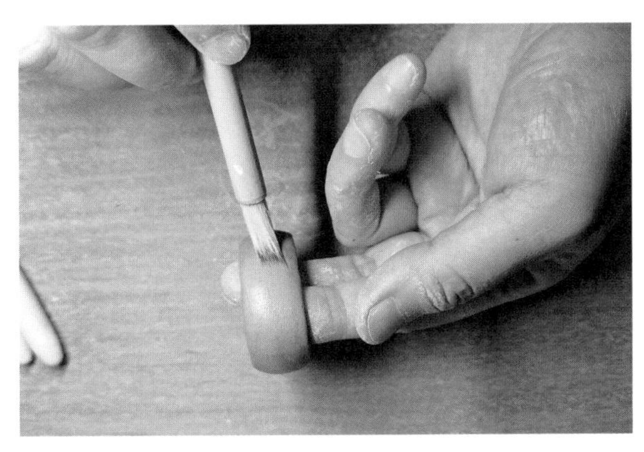

图 4–14–11 步骤 11

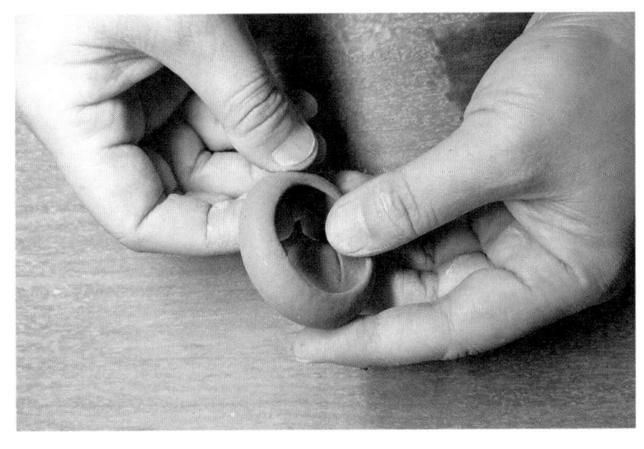

图 4–14–12 步骤 12

步骤 13：进行镂空装饰。（图 4–14–13）

步骤 14：用含水的毛笔修整镂空结构直至光滑。（图 4–14–14）

图 4–14–13 步骤 13

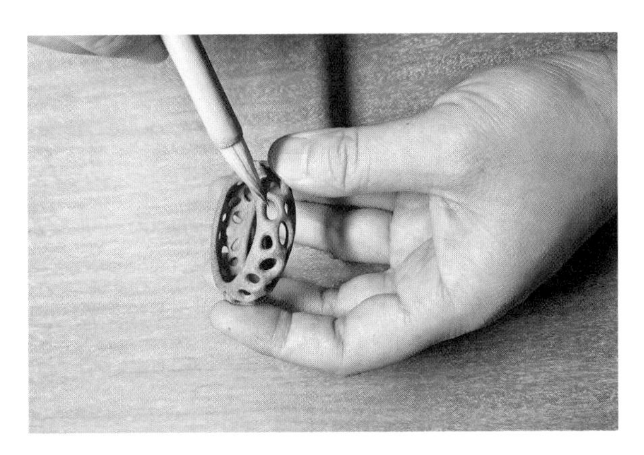

图 4–14–14 步骤 14

造型三

步骤 1：利用工具在捏制好的花蕊顶部戳出凹坑。（图 4–15–1）

步骤 2：将戳好凹坑的花蕊粘接在一起备用。（图

4–15–2）

步骤 3：捏制花瓣，将泥团捏出花瓣的雏形。（图 4–15–3）

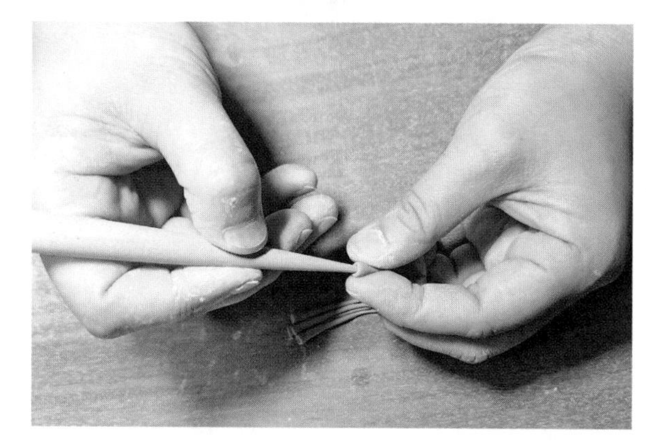

图 4–15–1　步骤 1

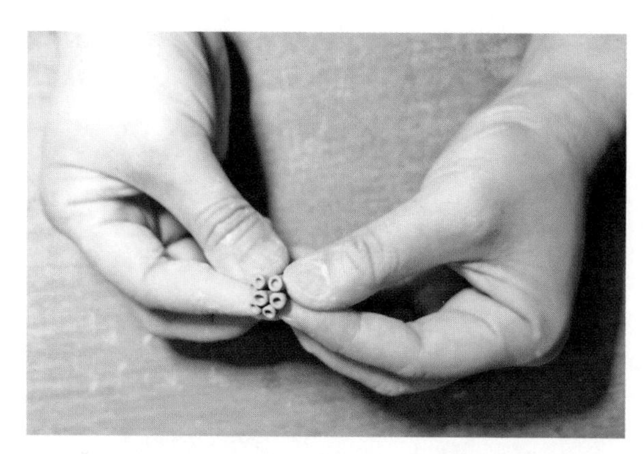

图 4–15–2　步骤 2

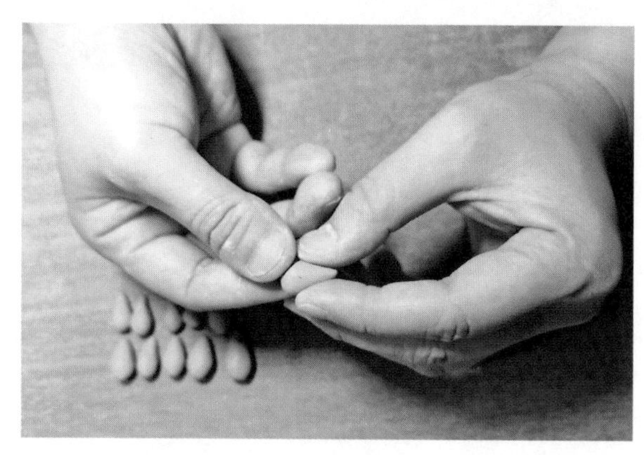

图 4–15–3　步骤 3

步骤 4：用手指的指肚摁压置于掌心的花瓣雏形，直至花瓣成型。（图 4–15–4）

步骤 5：在花瓣根部刷上薄泥浆。（图 4–15–5）

步骤 6：依次将所有捏塑好的花瓣与事先准备好的花蕊粘接牢固。（图 4–15–6）

步骤 7（图 4–15–7）

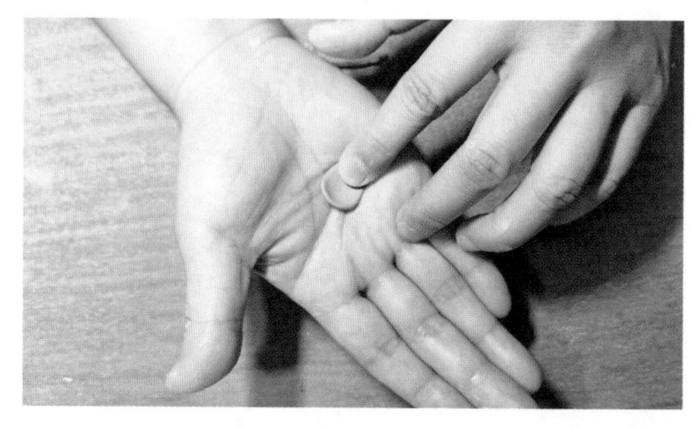

图 4–15–4　步骤 4

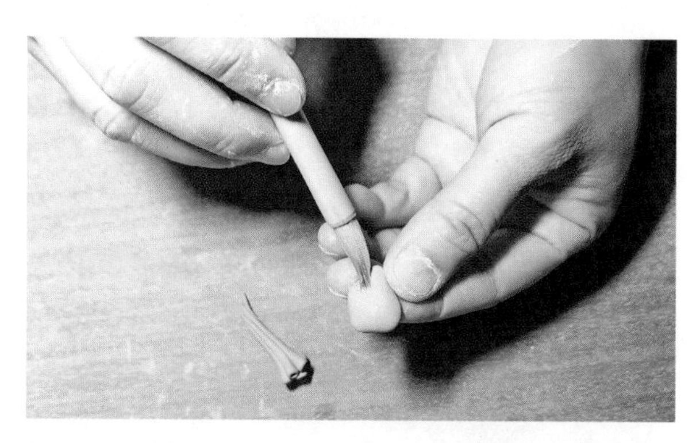

图 4–15–5　步骤 5

图 4–15–6　步骤 6

图 4–15–7　步骤 7

步骤 8（图 4–15–8）

步骤 9：切削掉多余的泥料。（图 4–15–9）

步骤 10：捏塑完成。（图 4–15–10）

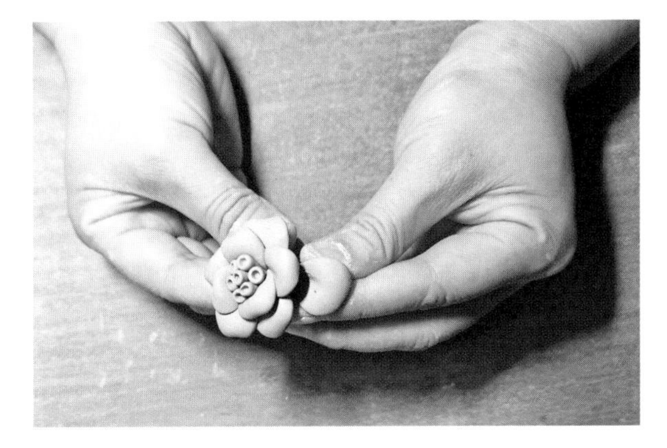

图 4–15–8　步骤 8

图 4–15–9　步骤 9

图 4–15–10　步骤 10

2. 泥条成型

泥条成型，是指将揉制好的泥料搓成或挤压出细泥条，按照设想中的造型样式，采用盘绕、堆叠、排列或编织等方法塑造陶瓷首饰造型的一种工艺方法。

造型一

步骤 1：先搓出一些泥条备用，再依次将泥条缠绕成一个圆球形。注意：泥条一定要保持住湿软的状态，这样可以避免在缠绕时泥条出现裂纹。（图 4–16–1）

步骤 2：轻轻捏实泥条。（图 4–16–2）

步骤 3：捏塑完成。（图 4–16–3）

图 4–16–1　步骤 1

图 4–16–2　步骤 2

图 4–16–3　步骤 3

造型二

步骤 1：借助工具将搓好的细泥条在圆木棒上绕圈。为避免泥条出现裂缝，我们需要边刷水边绕圈。注意：毛笔上的水分不可过多。（图 4–17–1）

步骤 2：借助含水的毛笔将泥条与圆木棒贴合在一起。（图 4–17–2）

步骤 3：当造型出现设想的状态后，我们要及时将木棒从泥坯里取出。（图 4–17–3）

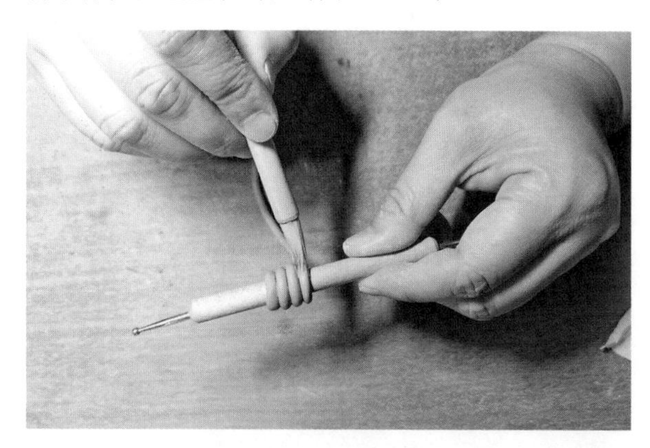

图 4–17–1　步骤 1

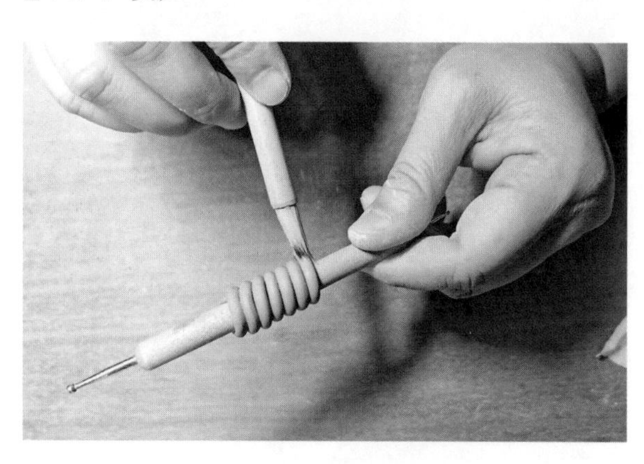

图 4–17–2　步骤 2

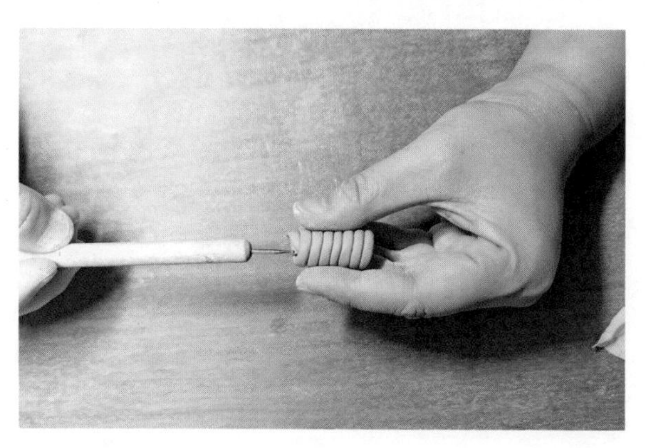

图 4–17–3　步骤 3

步骤 4：利用圆木棒进行泥坯的塑形。（图 4–17–4）

步骤 5：借助圆头工具进行凹点装饰。（图 4–17–5）

图 4–17–4　步骤 4

图 4–17–5　步骤 5

造型三

步骤 1：将搓制好的泥条整齐排列。注意：每一个泥条的接触面均需要刷上薄泥浆，以保证泥条相互粘接牢固，并切除泥条不整齐的部位。（图 4–18–1）

步骤 2：用含水的毛笔轻轻涂刷泥坯，使泥坯含有一定的水分，避免接下来塑造形态时坯体表面产生裂纹。（图 4–18–2）

步骤 3：将泥坯一点一点地缠绕在木棒上，同时需要用含水的毛笔及时补充水分，以增加泥坯表面的张力，避免泥坯在弯曲时产生裂缝。（图 4–18–3）

图 4-18-1 步骤 1

图 4-18-2 步骤 2

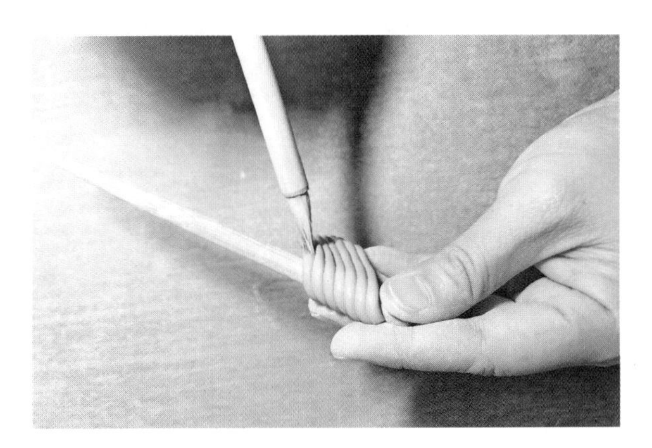

图 4-18-3 步骤 3

步骤 4：轻轻摁压泥坯使它与木棒贴合。注意：手法一定要轻而缓慢，切不可着急。（图 4-18-4）

步骤 5：在泥坯接缝处刷上薄泥浆，再粘接牢固。（图 4-18-5）

步骤 6：在掌心处来回滚动木棒，使泥坯保持住形状。（图 4-18-6）

步骤 7：慢慢将木棒与泥坯分离。（图 4-18-7）

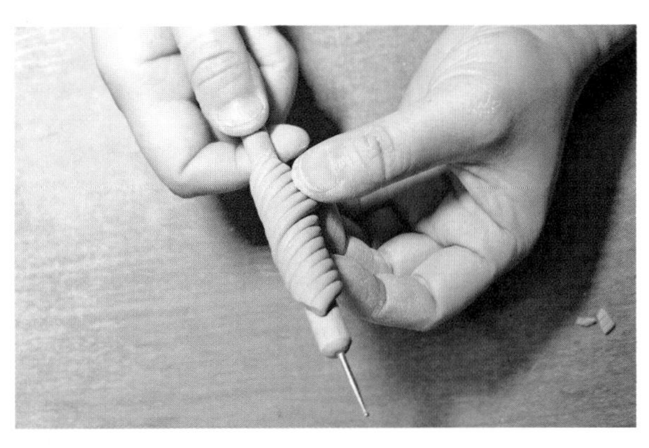

图 4-18-4 步骤 4

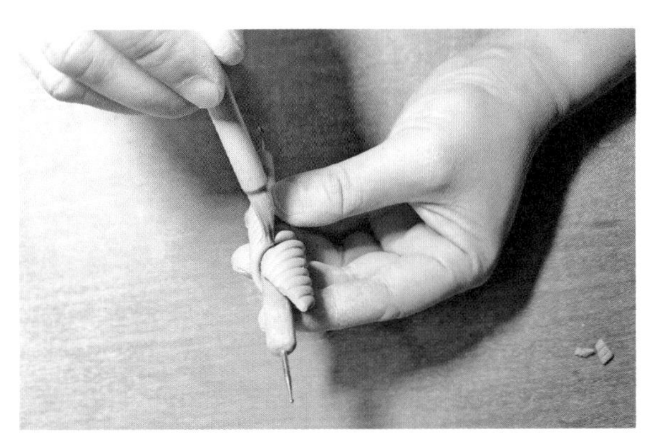

图 4-18-5 步骤 5

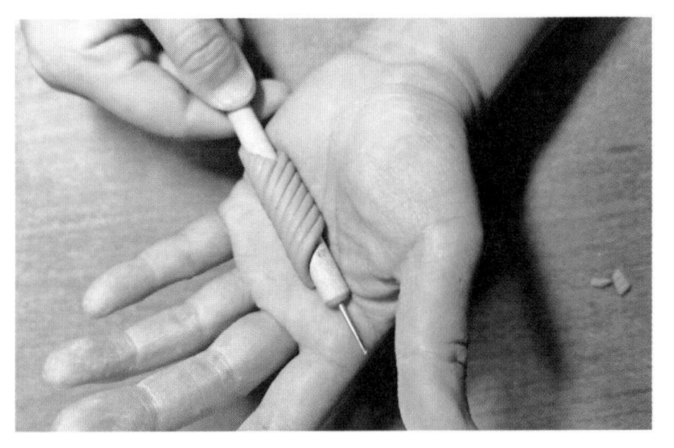

图 4-18-6 步骤 6

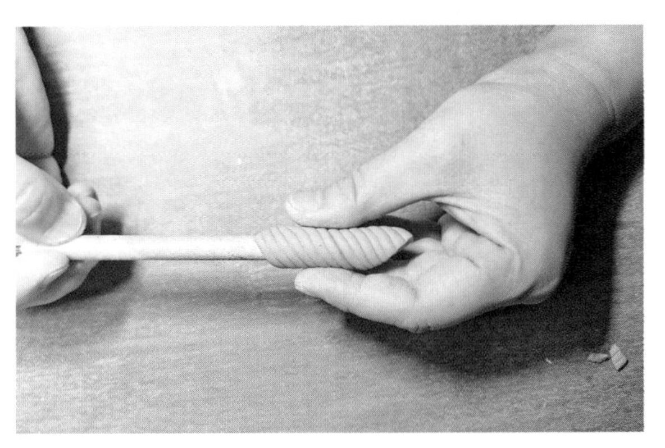

图 4-18-7 步骤 7

步骤 8：调整泥坯造型。（图 4-18-8）

步骤 9：用圆头工具摁压凹点装饰。（图 4-18-9）

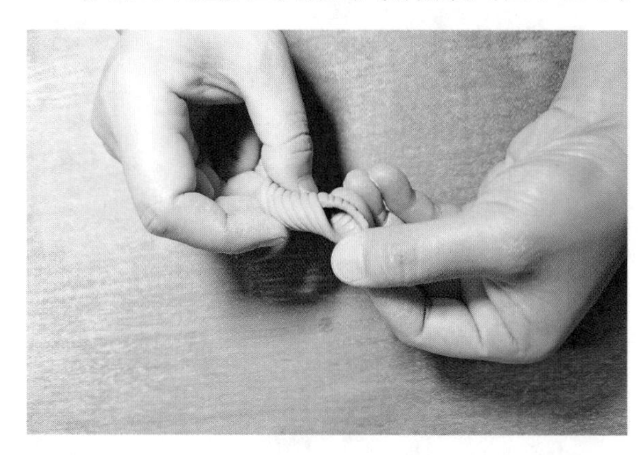

图 4-18-8　步骤 8

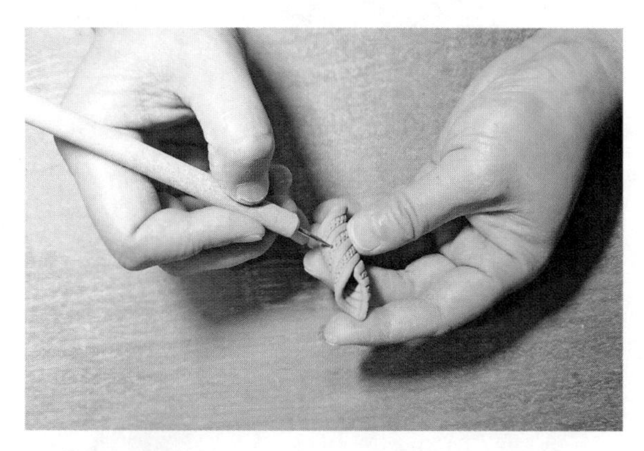

图 4-18-9　步骤 9

造型四

步骤 1：用较为湿软的泥搓出粗细大体一致的泥条，再将泥条组合在一起。（图 4-19-1）

步骤 2：慢慢扭曲组合后的泥条。注意：手上的动作要轻缓，避免泥条出现裂缝。（图 4-19-2）

图 4-19-1　步骤 1

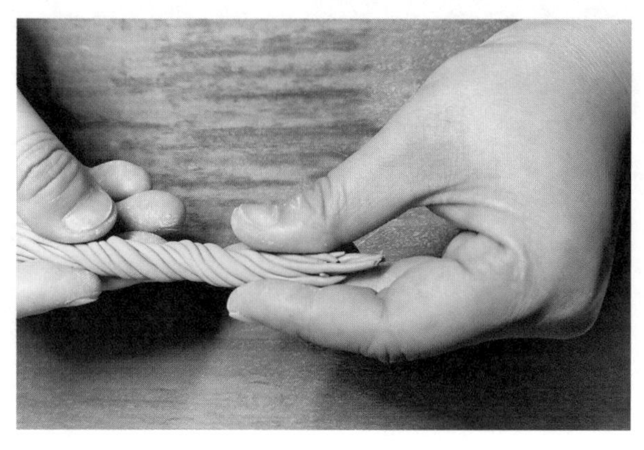

图 4-19-2　步骤 2

步骤 3：弯曲泥条。（图 4-19-3）

步骤 4：去除多余的泥，并向连接处捏压。（图 4-19-4）

图 4-19-3　步骤 3

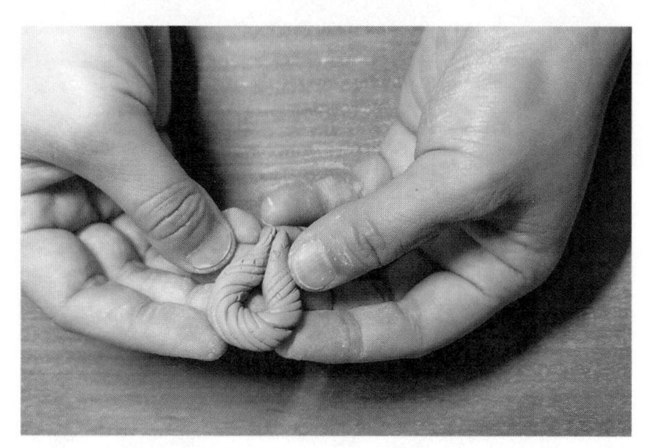

图 4-19-4　步骤 4

步骤 5：在连接处刷上泥浆，并粘牢连接处。（图 4-19-5）

步骤 6：调整造型。（图 4-19-6）

步骤 7：用圆头工具在坯体上摁压出凹点装饰。

（图 4-19-7）

步骤 8：用钻孔工具在坯体一端打孔，一是为了方便支烧，二是为了预留出安装金属配件的小孔。（图 4-19-8）

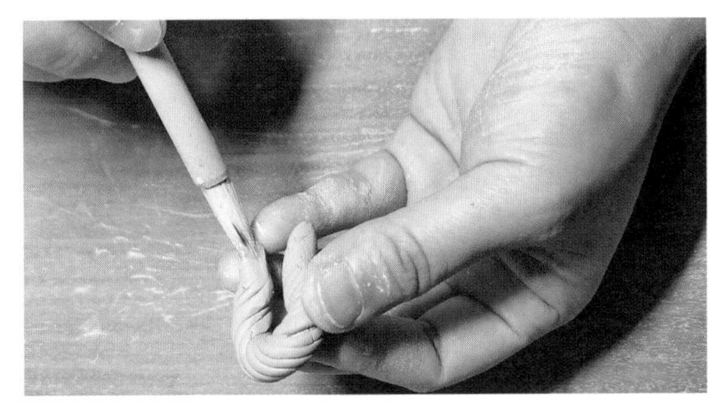

图 4-19-5　步骤 5

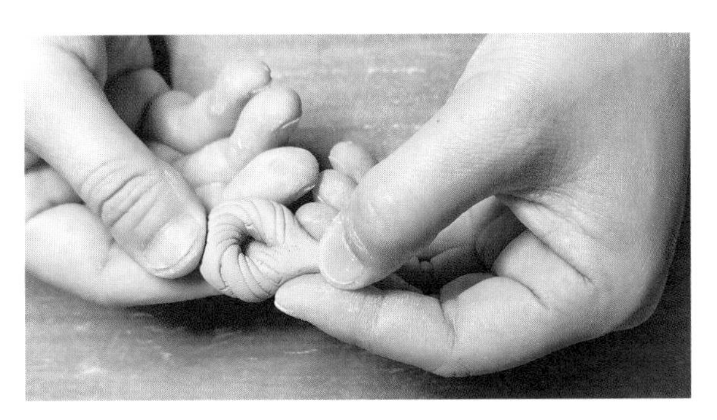

图 4-19-6　步骤 6

图 4-19-7　步骤 7

图 4-19-8　步骤 8

3. 泥片成型

泥片成型，是指将泥块通过手捏、拍打或滚压成泥片，然后采用围合、扭曲等方式塑造陶瓷首饰造型的一种工艺方法。

造型一

步骤 1: 将泥团捏塑出一头粗一头细的形状。（图 4-20-1）

步骤 2：再捏或滚压成薄泥片。（图 4-20-2）

步骤 3：从窄边开始卷曲。（图 4-20-3）

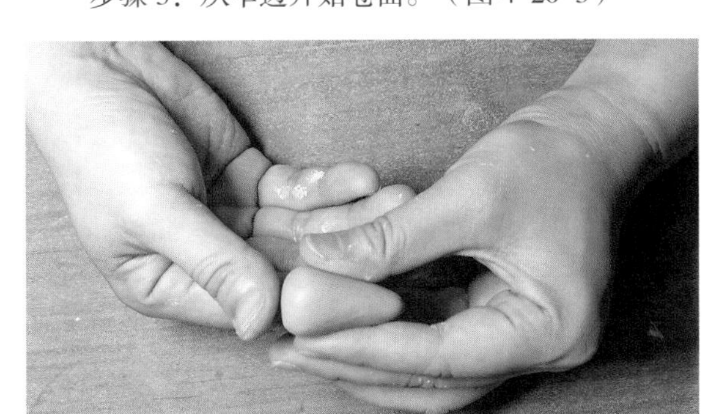

图 4-20-1　步骤 1

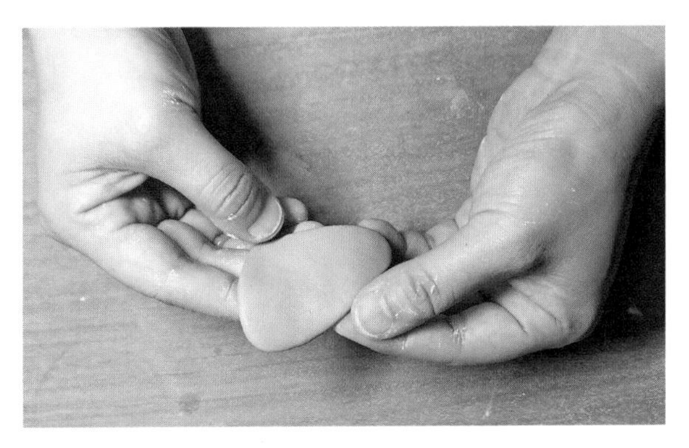

图 4-20-2　步骤 2

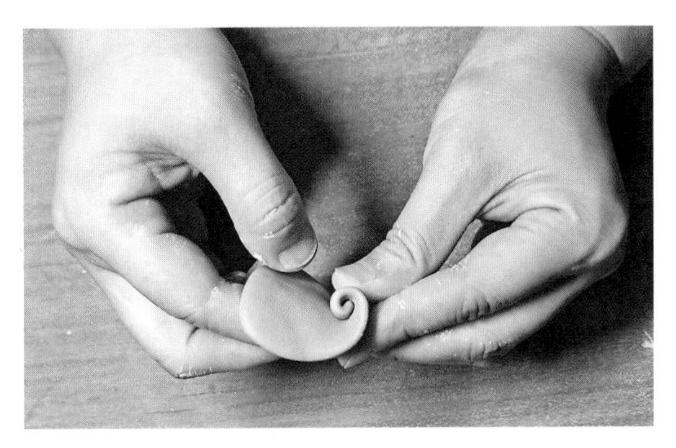

图 4-20-3　步骤 3

步骤 4：慢慢卷曲泥片，围合出造型。（图 4–20–4）

步骤 5：调整造型。（图 4–20–5）

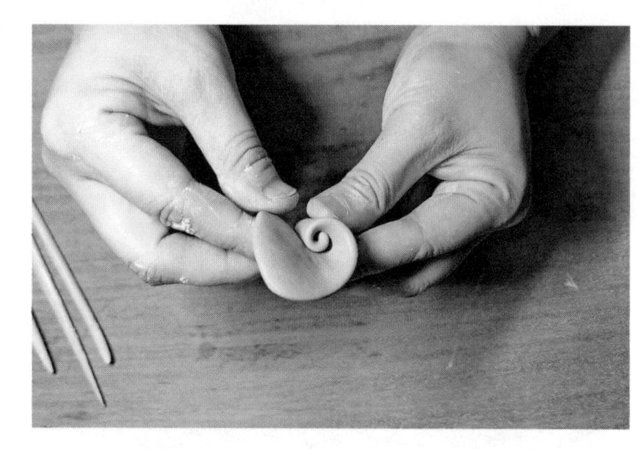

图 4–20–4　步骤 4

图 4–20–5　步骤 5

造型二

步骤 1：裁切出尺寸合适的泥片，并在泥片的四周边缘施上一些水，以避免扭曲泥片时边缘开裂。（图 4–21–1）

步骤 2：慢慢扭曲泥片。（图 4–21–2）

图 4–21–1　步骤 1

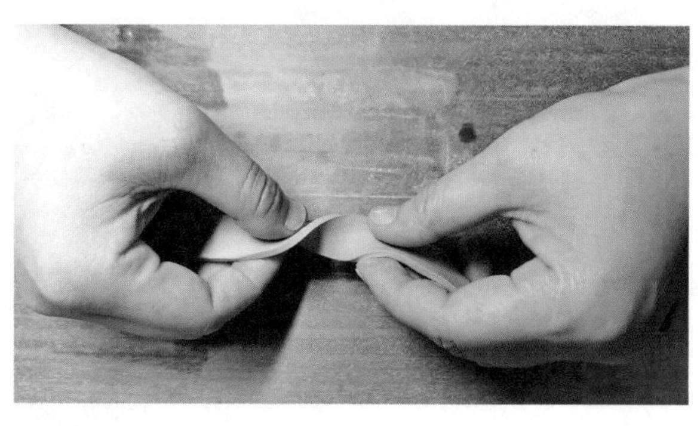

图 4–21–2　步骤 2

步骤 3：继续扭曲泥片。（图 4–21–3）

步骤 4：将扭曲的泥片围合出造型。（图 4–21–4）

步骤 5：调整造型。（图 4–21–5）

图 4–21–3　步骤 3

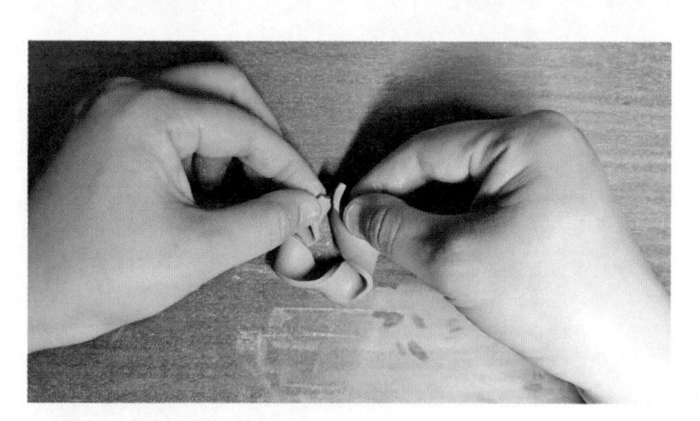

图 4–21–4　步骤 4

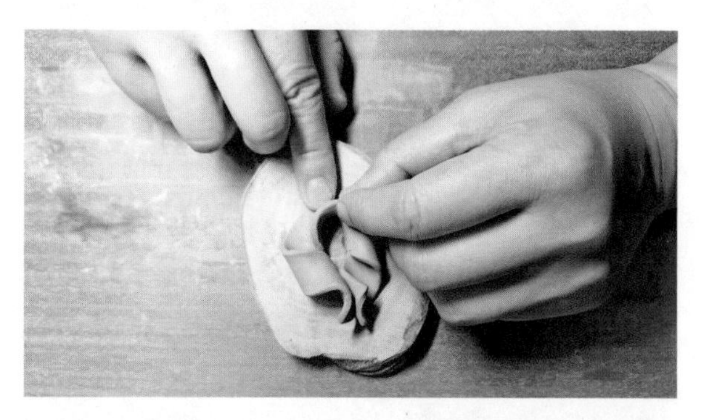

图 4–21–5　步骤 5

步骤 6：塑形完成。（图 4–21–6）

图 4–21–6　步骤 6

4.“掏挖”成型

“掏挖”成型，是指利用掏挖工具将塑造好的实心造型趁着坯体造型半干的时候，掏挖出多余的泥料而形成空心造型的一种成型方法。

步骤 1：搓出实心小圆球。（图 4–22–1）

步骤 2：用尖刀沿着圆球中线慢慢将圆球切开（图 4–22–2）

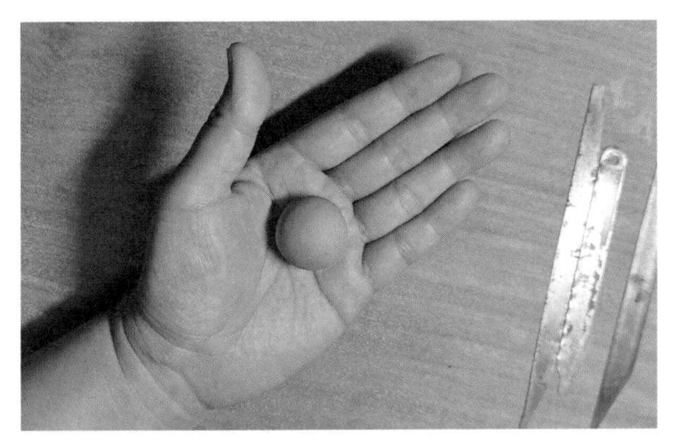

图 4–22–1　步骤 1

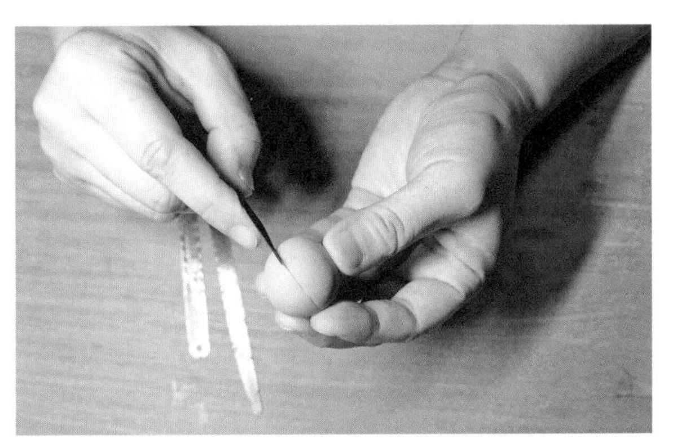

图 4–22–2　步骤 2

步骤 3：用刀将泥球切割出两个半球。（图 4–22–3）

步骤 4：将两个半球合上，用彩色铅笔做上记号。（图 4–22–4）

步骤 5：沿着划出厚度的半球边沿，用圆口刀具掏挖半球。（图 4–22–5）

图 4–22–3　步骤 3

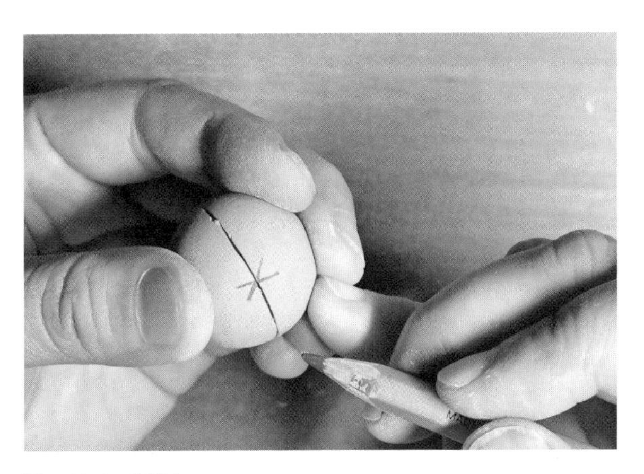

图 4–22–4　步骤 4

图 4–22–5　步骤 5

步骤 6：将多余的泥料掏挖掉。（图 4–22–6）

步骤 7：掏挖过程中注意球壁厚薄一致。（图 4–22–7）

步骤 8：在半球的粘接面上涂刷泥浆。（图 4–22–8）

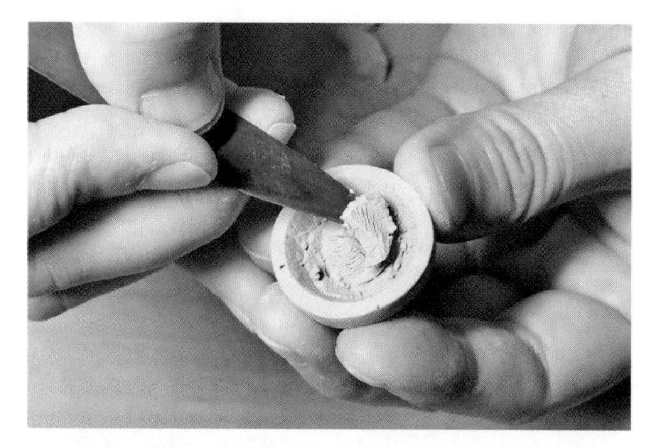

图 4–22–6　步骤 6

图 4–22–7　步骤 7

图 4–22–8　步骤 8

步骤 9：根据事先做好的记号将两个半球粘接牢固。（图 4–22–9）

步骤 10：用竹刀清除多余的泥浆，并将球面修整光滑。（图 4–22–10）

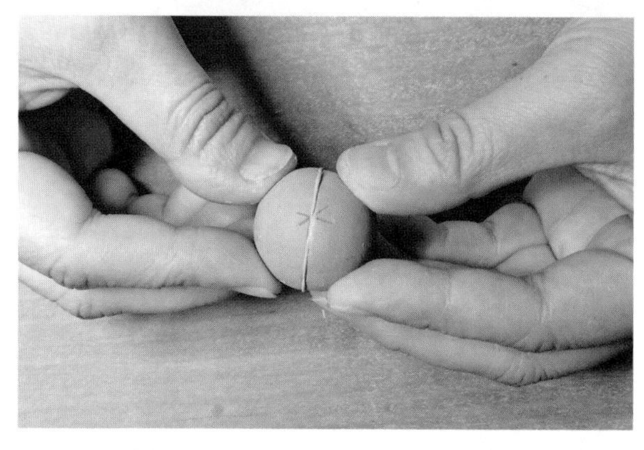

图 4–22–9　步骤 9

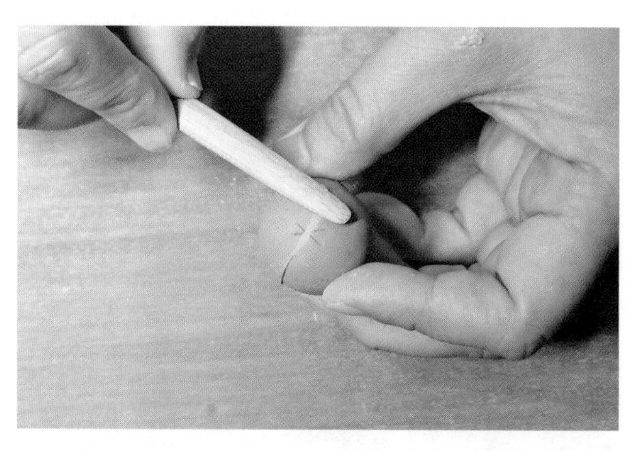

图 4–22–10　步骤 10

5. 模具成型

模具成型，是指利用事先翻制好的模具通过印坯或注浆的方式进行陶瓷首饰造型制作的工艺方法。通常，需要批量生产的产品可以采用这一工艺方法来实现陶瓷首饰的批量化生产。

步骤 1：准备一块大小合适且湿软的泥。（图 4–23–1）

步骤 2：将泥块捏成大小合适的泥片。（图 4–23–2）

步骤 3：在泥片接触模具的一面用毛笔施上一些水保持表面湿润，以便印坯时更好地印出细节。（图 4–23–3）

步骤 4：将泥片扣在模具上。（图 4–23–4）

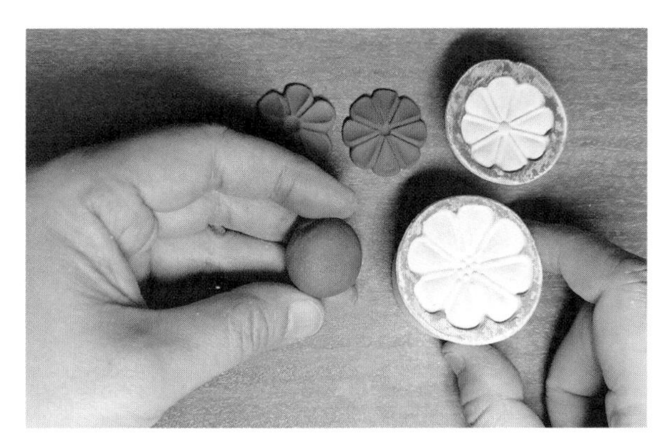
图 4-23-1 步骤 1

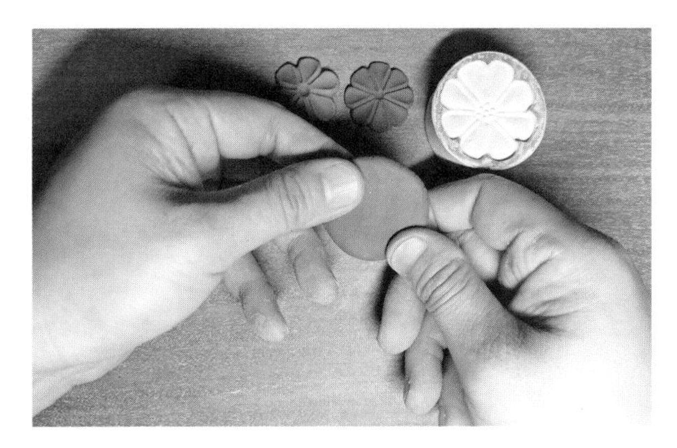
图 4-23-2 步骤 2

图 4-23-3 步骤 3

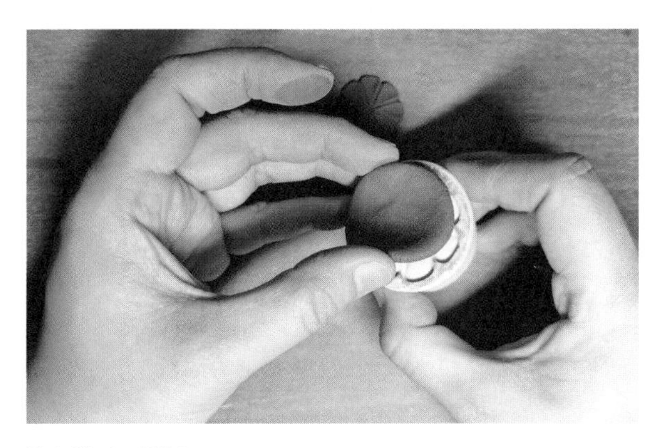
图 4-23-4 步骤 4

步骤 5：从中心往外摁压泥片。（图 4-23-5）

步骤 6：再从外向里挤压泥巴，使泥与模具贴合紧密。（图 4-23-6）

步骤 7：去除多余的泥，并用竹刀贴着模具边缘刮平泥坯。（图 4-23-7）

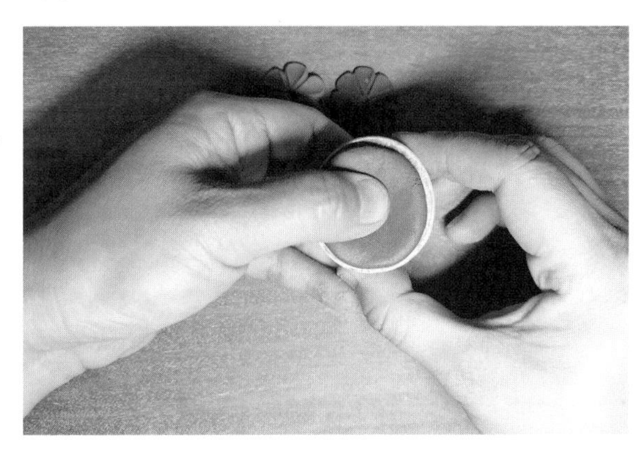
图 4-23-5 步骤 5

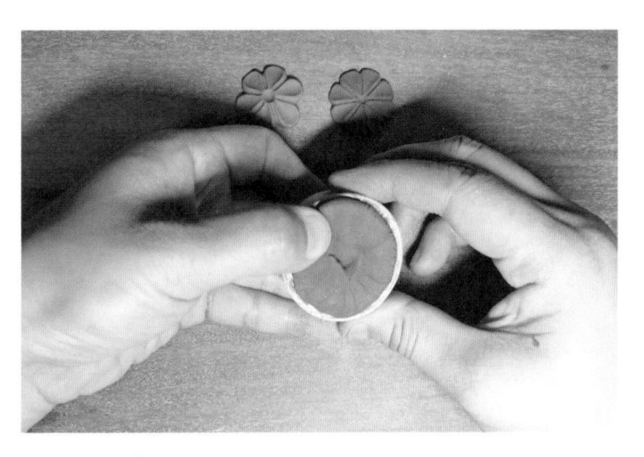
图 4-23-6 步骤 6

图 4-23-7 步骤 7

步骤 8：当泥坯与模具产生离缝时，就可以将泥坯脱出模具。（图 4-23-8）

步骤 9：脱模。（图 4-23-9）

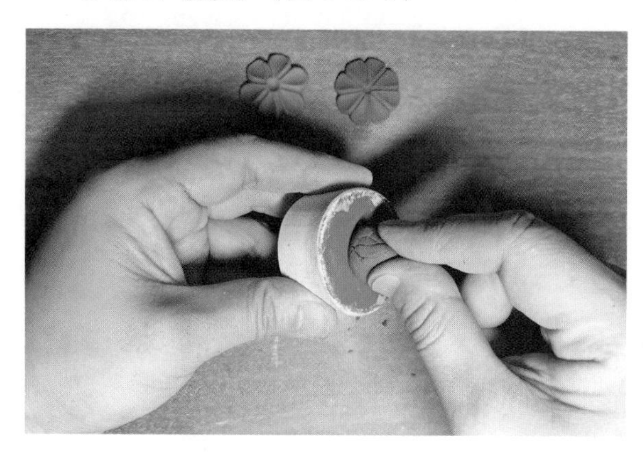

图 4-23-8　步骤 8

图 4-23-9　步骤 9

二、装饰

1. 雕刻装饰

雕刻装饰，是指利用刻刀在干燥的陶瓷首饰坯体造型上进行装饰的一种工艺方法。利用刻刀所形成的装饰纹样，实际上是在陶瓷首饰坯体表面利用工具刻剔掉纹样以外多余土料的一种装饰方法，通过刻、划、剔等技法凸显出纹饰的立体感。

步骤 1：用水溶性彩色铅笔在干燥的泥坯上画出刻划纹样的轮廓线。（图 4-24-1）

步骤 2：用刀尖依据纹样的轮廓线刻划出线条。（图 4-24-2）

步骤 3：用平口刀依据刻划出的线条刻出形象的边缘。（图 4-24-3）

步骤 4：用平口刀剔除形象以外的部分。（图 4-24-4）

图 4-24-1　步骤 1

图 4-24-2　步骤 2

图 4-24-3　步骤 3

图 4-24-4　步骤 4

步骤 5：用圆口刀刨刮出形象的凹面。（图 4–24–5）

步骤 6：用圆头刀刻划出花蕊。（图 4–24–6）

步骤 7：用毛笔蘸水清除泥坯上多余的粉尘以备施釉烧成。（图 4–24–7）

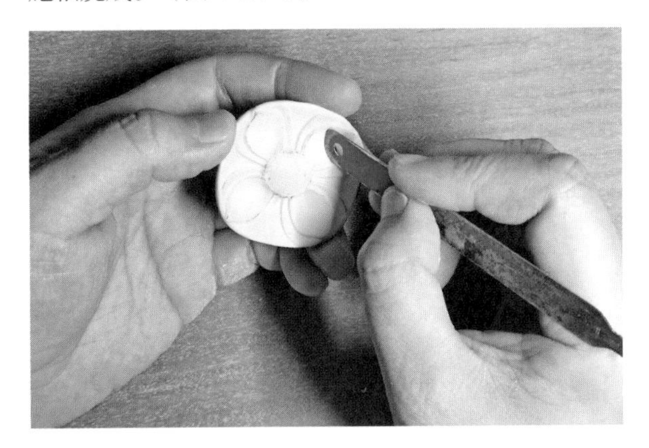

图 4–24–5 步骤 5

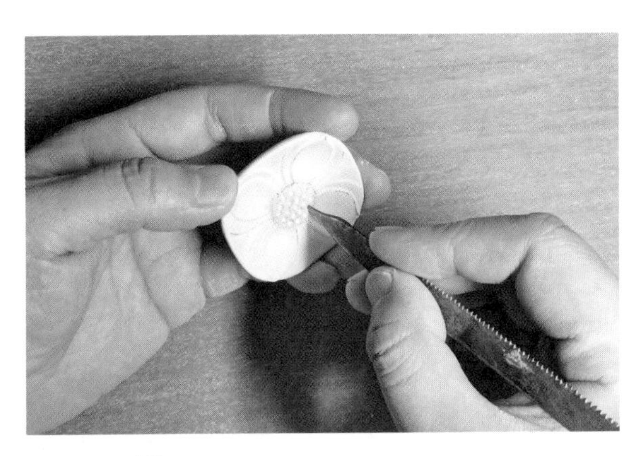

图 4–24–6 步骤 6

图 4–24–7 步骤 7

2. 剔花装饰

剔花装饰通常是指在覆盖有白色或其他颜色的化妆土或色泥浆的陶瓷首饰的坯体上，利用工具刻剔出装饰纹样的一种装饰方法。在施釉烧成后，刻剔出的纹样露出胎体的颜色和化妆土的色彩，形成对比变化。覆盖有色釉料的陶瓷首饰坯体，也可以采用这一方法刻剔出装饰纹样，使坯体的颜色和釉料的色彩形成鲜明的对比变化。

步骤 1：在半干的泥坯上涂刷第一遍化妆土。（图 4–25–1）

步骤 2：待第一遍化妆土表面的水分干后再涂刷第二遍化妆土，使化妆土完全覆盖住泥坯的颜色。（图 4–25–2）

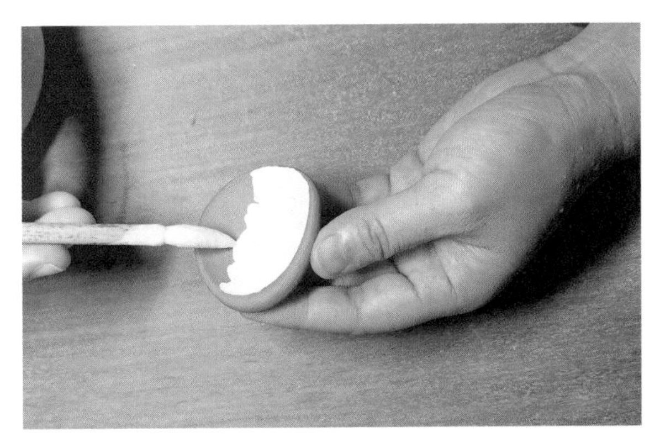

图 4–25–1 步骤 1

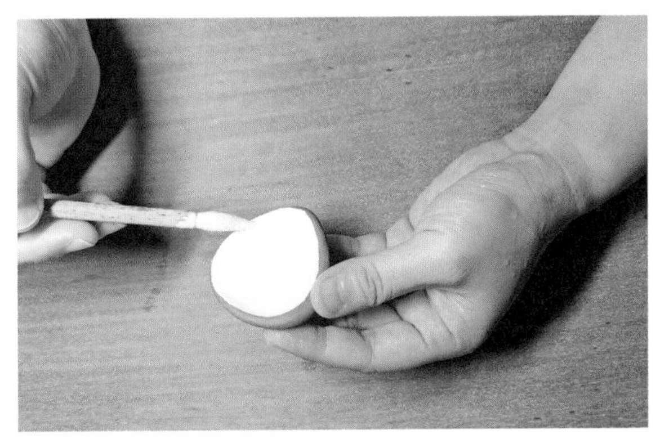

图 4–25–2 步骤 2

步骤 3：在泥坯上用彩色铅笔绘出纹样。（图 4–25–3）

步骤 4：用尖刀刻划出纹样的轮廓。（图 4–25–4）

步骤 5：依据轮廓线用刀刻剔出纹样，注意线条的宽窄变化、黑白对比。（图 4–25–5）

步骤6：调整装饰形象。（图4-25-6）

图4-25-3 步骤3

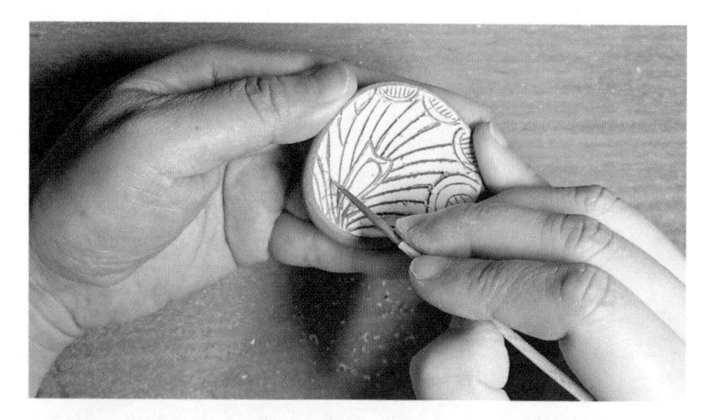

图4-25-4 步骤4

图4-25-5 步骤5

图4-25-6 步骤6

3. 肌理装饰

在陶瓷首饰的坯体上进行肌理装饰，可用到的表现方法主要有压、印、刻、划、挤等。运用这些方法，我们可以使陶瓷首饰坯体表面呈现丰富的肌理质感。在覆盖透明釉料或乳浊类釉料后，经过烧成，高低起伏、粗糙变化的肌理质感与釉料融合，会给陶瓷首饰带来丰富的装饰效果。

压印肌理1（图4-26）

压印肌理2（图4-27）

刻划肌理（图4-28）

图4-26 压印肌理1

图4-27 压印肌理2

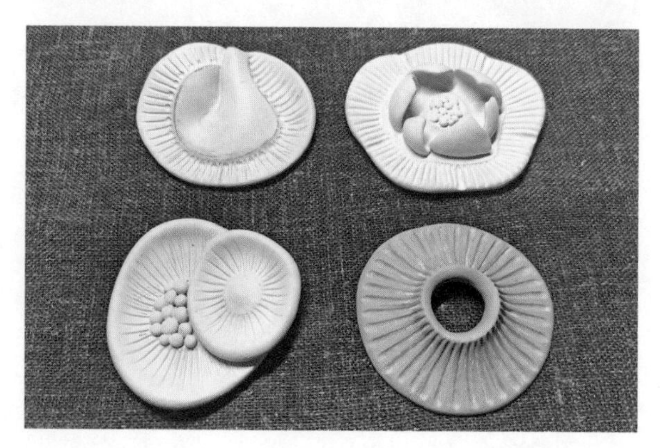

图4-28 刻划肌理

4. 堆贴装饰

在陶瓷首饰上进行堆贴装饰，是指利用泥料的塑性通过堆、贴、挤、压等技法在半干湿的泥坯表面形成起伏变化的结构，与色釉料结合烧成后，釉料所形成的深浅变化会给陶瓷首饰造型带来很好的装饰效果。

步骤 1：用竹刀划出堆贴装饰纹样的轮廓线。（图 4–29–1）

步骤 2：搓制出用作堆贴纹样的细泥条。（图 4–29–2）

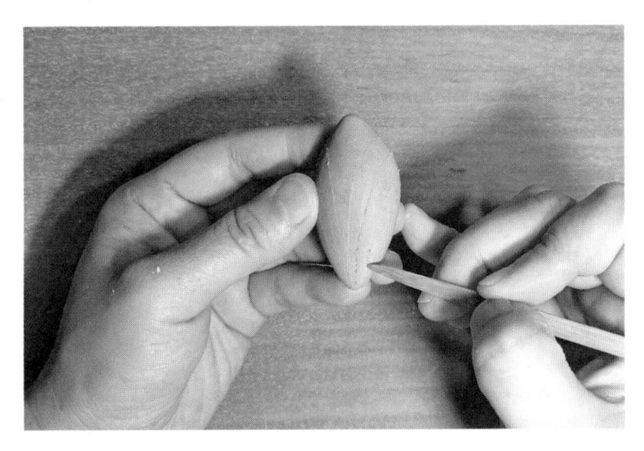

图 4–29–1　步骤 1

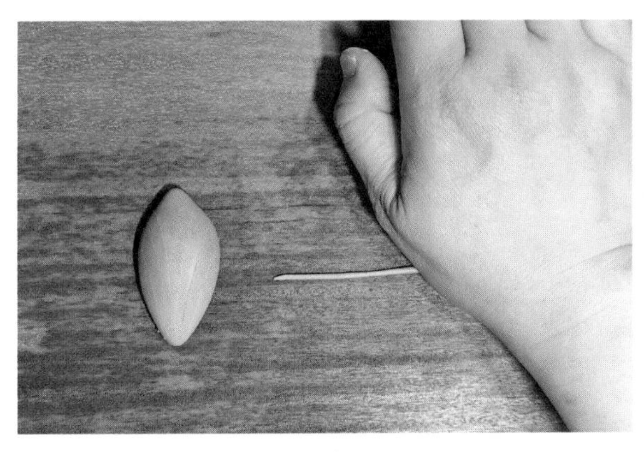

图 4–29–2　步骤 2

步骤 3：在轮廓线处涂刷薄泥浆。（图 4–29–3）

步骤 4：粘贴泥条。（图 4–29–4）

步骤 5：用圆头竹刀将泥条一侧擀压平整，并与坯体融合。（图 4–29–5）

步骤 6：用手指抹压至表面光滑。（图 4–29–6）

图 4–29–3　步骤 3

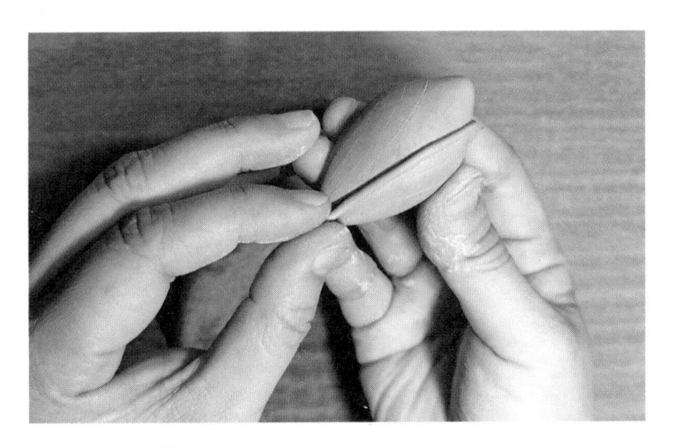

图 4–29–4　步骤 4

图 4–29–5　步骤 5

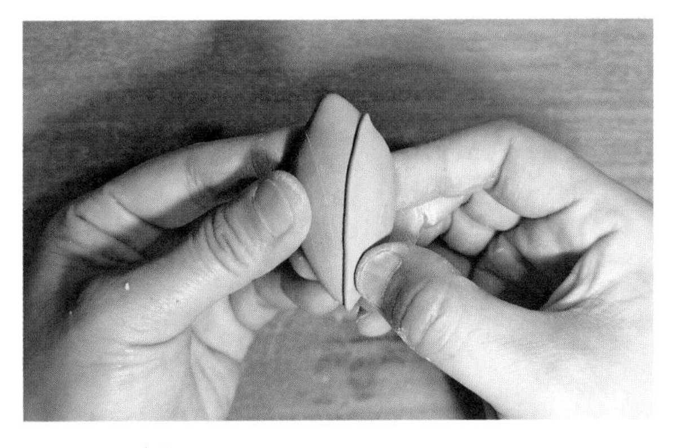

图 4–29–6　步骤 6

步骤 7：堆贴第二层纹样。（图 4–29–7）

步骤 8：将表面抹压光滑。（图 4–29–8）

步骤 9：堆贴最后一层纹样，并将表面抹压光滑。（图 4–29–9）

步骤 10：所有纹样堆贴好后用竹刀再次将坯体修整光滑。为增加装饰语言的丰富性，用尖头工具在相应的空间搓印出肌理。（图 4–29–10）

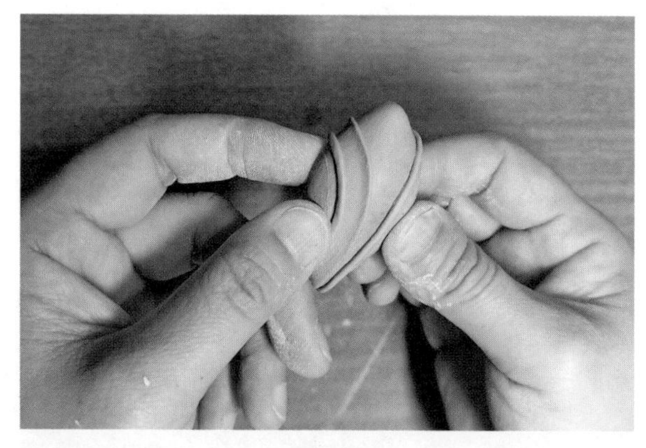

图 4–29–7　步骤 7

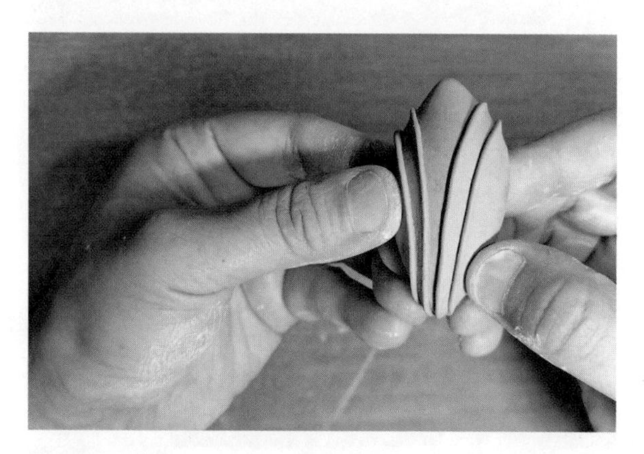

图 4–29–8　步骤 8

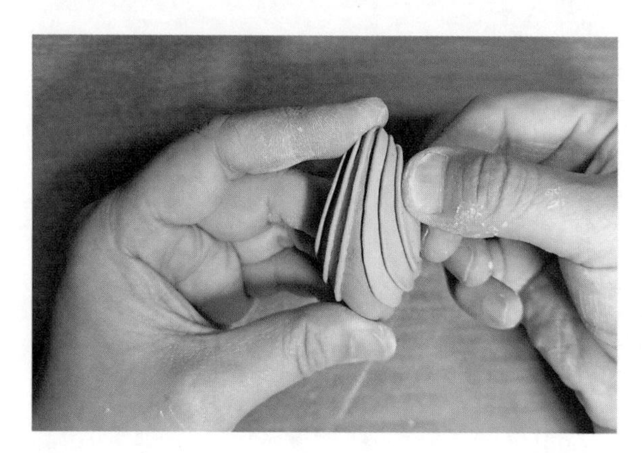

图 4–29–9　步骤 9

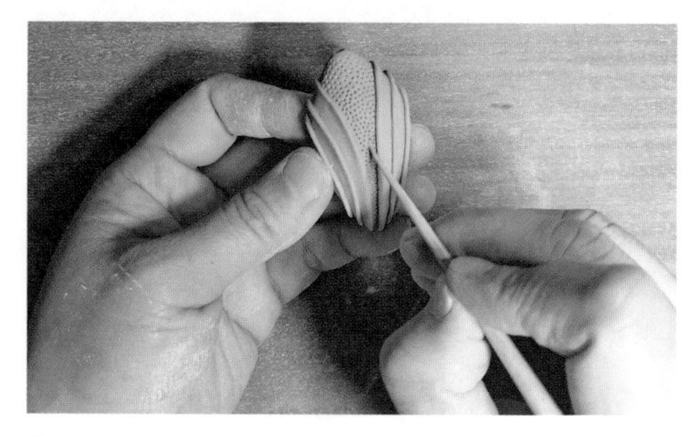

图 4–29–10　步骤 10

5. 泥浆装饰

泥浆装饰，可以利用泥浆的流动性或黏稠的性状，运用挤、刮、刷等技法，在陶瓷首饰坯体造型上形成点状、线状或肌理质感的装饰效果。

步骤 1：为了使挤出来的泥浆与泥坯结合牢固，首先通过补水的方式使泥坯中含有一定的水分。（图 4–30–1）

步骤 2：在造型的中间位置挤出泥点。（图 4–30–2）

图 4–30–1　步骤 1

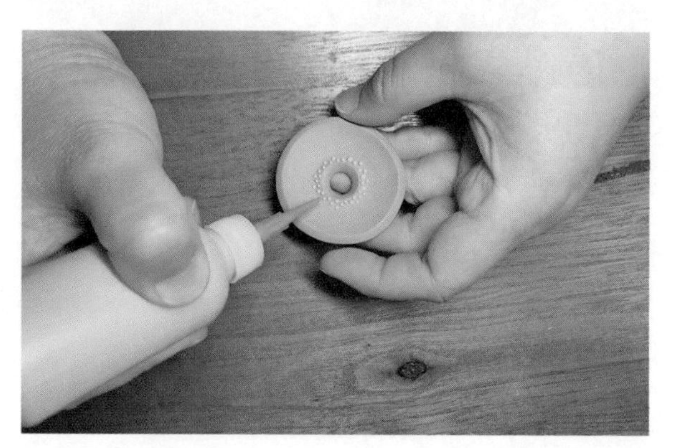

图 4–30–2　步骤 2

步骤 3：从造型的中心向外依次挤出泥浆线条。注意：要控制好手挤压泥浆瓶的力度，力度过大，挤出的线条粗；力度太小，挤出的线条不顺畅。（图 4–30–3）

步骤 4：最后在造型的外延处挤出泥点。（图 4–30–4）

步骤 5：烧成效果。（图 4–30–5）

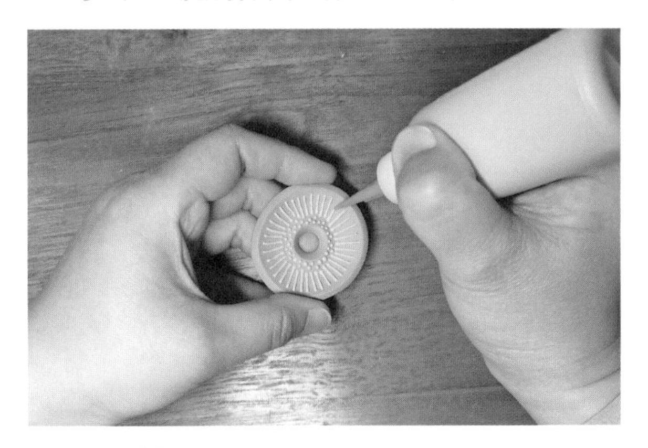

图 4–30–3　步骤 3

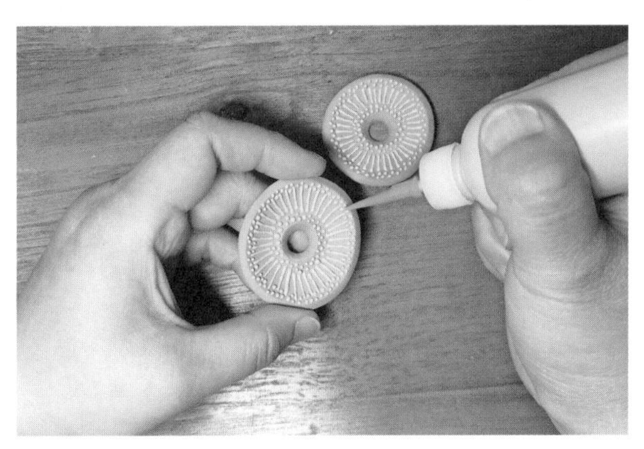

图 4–30–4　步骤 4

图 4–30–5　步骤 5

6. 镂空装饰

镂空装饰，是指利用刻刀或打孔工具，在陶瓷首饰的坯体上镂刻出具有空间虚实对比变化的装饰纹样的一种装饰工艺方法。（图 4–31–1）

步骤 1：准备好不同型号的打孔工具。（图 4–31–2）

步骤 2：用大小不一的打孔工具在坯体上打孔。注意：打孔时工具要蘸取一些水以提高打孔效率，同时可以避免坯体破损。（图 4–31–3）

图 4–31–1　镂空装饰

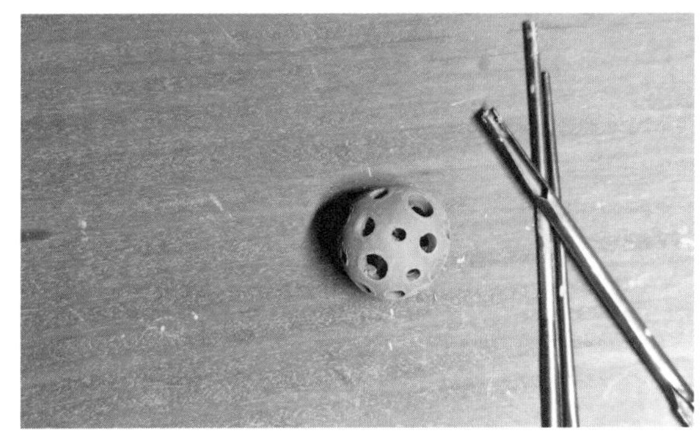

图 4–31–2　步骤 1

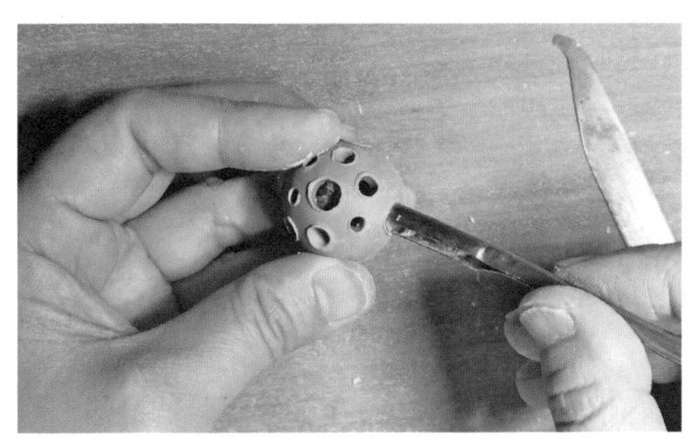

图 4–31–3　步骤 2

步骤 3：用尖刀修整小孔不整齐的边缘。（图 4–31–4）

步骤 4：用尖刀将圆孔边沿修光滑。（图 4–31–5）

步骤 5：进一步将圆孔修整圆润光滑。（图 4–31–6）

步骤 6：用含水的毛笔修整小孔，使其更加光滑圆润。（图 4–31–7）

图 4–31–4　步骤 3

图 4–31–5　步骤 4

图 4–31–6　步骤 5

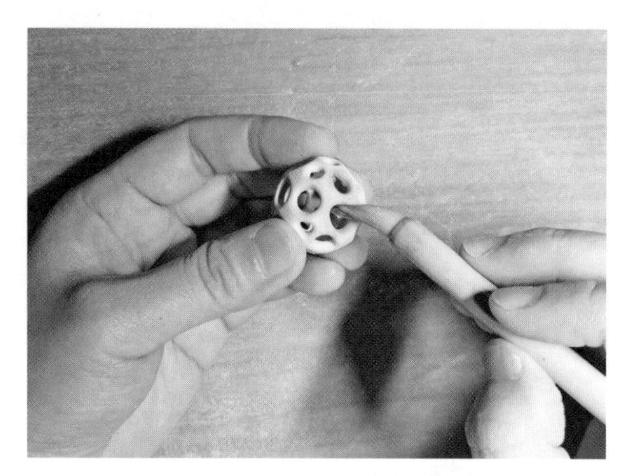

图 4–31–7　步骤 6

7. 绞泥装饰

绞泥装饰，是指用两种或两种以上不同颜色的瓷泥或陶泥泥料，经过适当的糅合或按照一定形式的排列组合，使不同颜色的泥料绞合在一起成泥团，再通过切割而成的泥片按照设计意图进行陶瓷首饰造型的成型，成型的同时形成一定的装饰纹理，具有浑然天成的装饰效果。

步骤 1：将准备好的黄、紫、蓝、白、黑五种色泥分别搓制成粗细不同的泥条。（图 4–32–1）

步骤 2：依次将泥条摁压成泥片状。（图 4–32–2）

步骤 3：用滚轴将所有泥片滚压成厚薄均匀的泥片。（图 4–32–3）

步骤 4：在紫色泥片上用毛笔涂刷适量的水。（图 4–32–4）

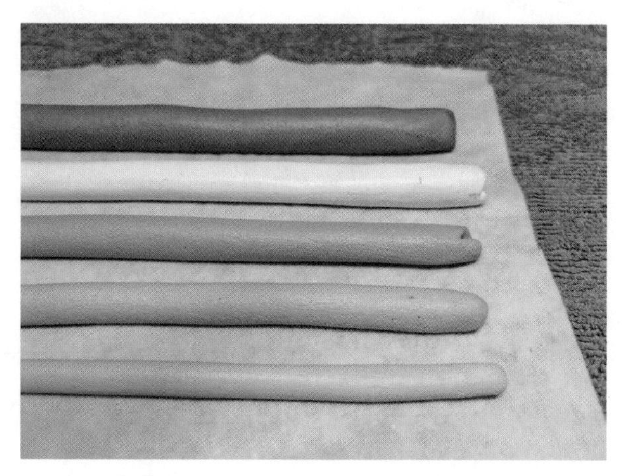

图 4–32–1　步骤 1

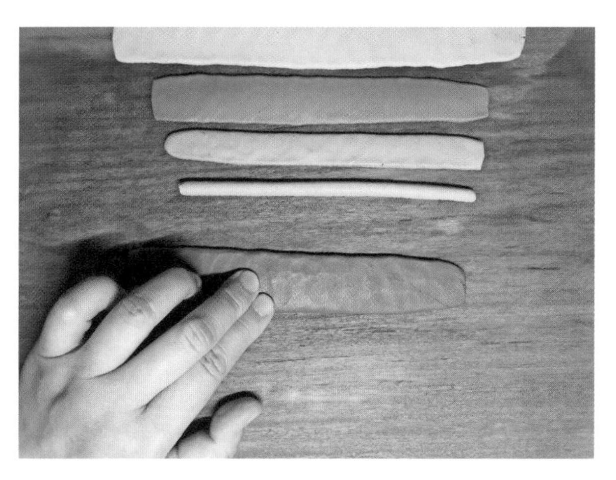

图 4-32-2 步骤 2

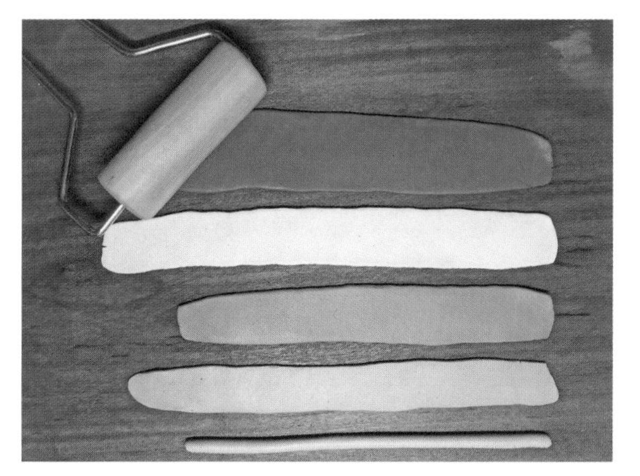

图 4-32-3 步骤 3

图 4-32-4 步骤 4

步骤 5：用涂刷过水的紫色泥片将黄色泥条包裹紧实形成泥条状，注意避免包裹中形成夹层而产生工艺缺陷。（4-32-5）

步骤 6：将紫色泥条滚圆、滚压结实。（图 4-32-6）

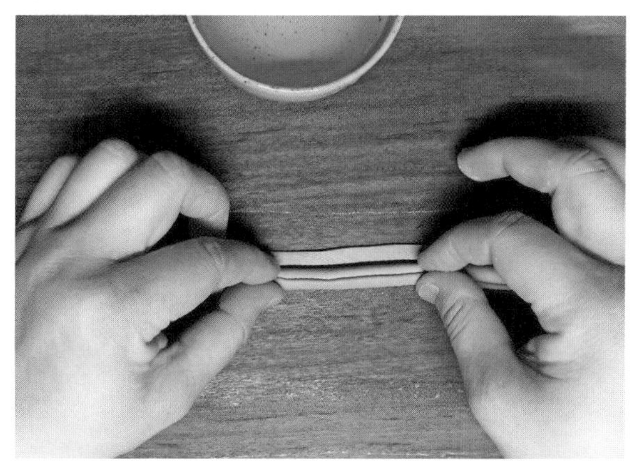

图 4-32-5 步骤 5

图 4-32-6 步骤 6

步骤 7：在蓝色泥片上用毛笔涂刷适量的水。（图 4-32-7）

步骤 8：用涂刷过水的蓝色泥片将紫色泥条包裹紧实并滚圆、滚压结实。（图 4-32-8）

步骤 9：用涂刷过水的白色泥片将蓝色泥条包裹紧实并滚圆、滚压结实。（图 4-32-9）

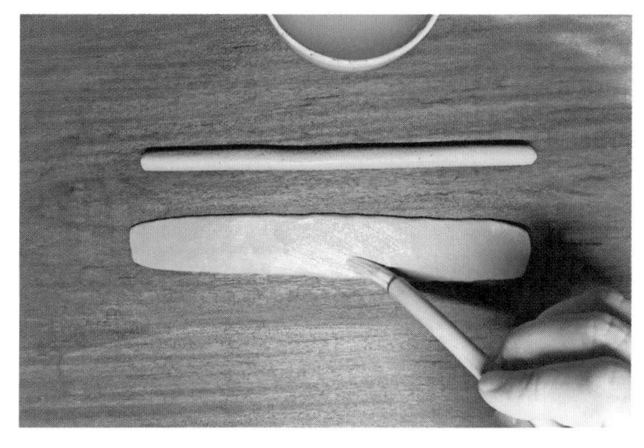

图 4-32-7 步骤 7

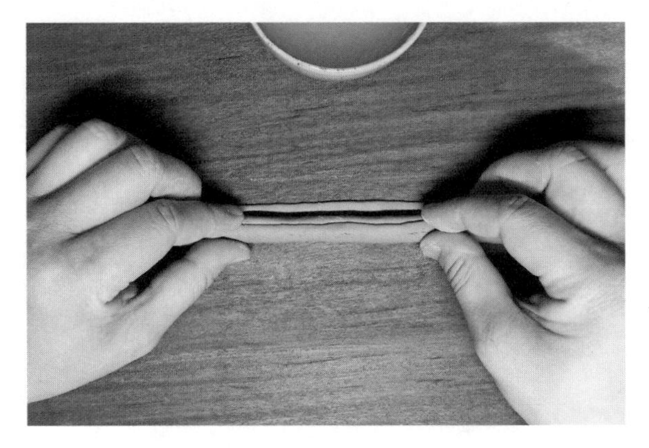
图 4–32–8　步骤 8

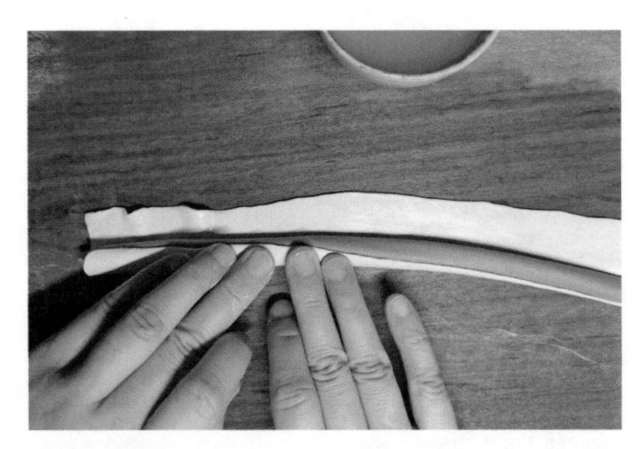
图 4–32–9　步骤 9

步骤 10：用涂刷过水的黑色泥片将白色泥条包裹紧实并滚圆、滚压结实。（图 4–32–10）

步骤 11：将滚圆的黑色泥条切分成四等份。（图 4–32–11）

步骤 12：将切分好的泥条按照两条一组在粘接面上涂刷适量的水后分别进行粘接，并分别拍打成方形泥条。（图 4–32–12）

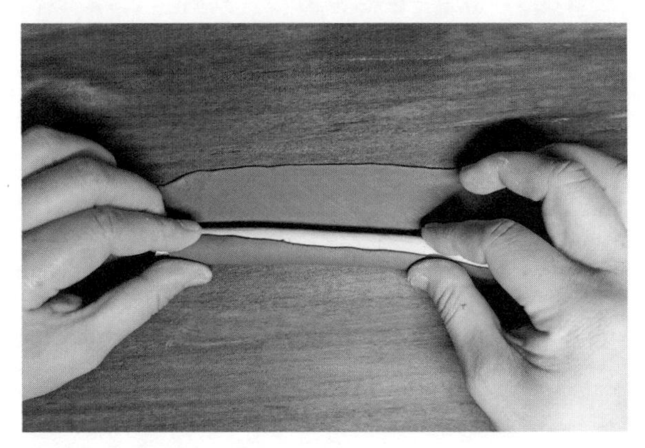
图 4–32–10　步骤 10

图 4–32–11　步骤 11

图 4–32–12　步骤 12

步骤 13：在方形泥条的粘接面上涂刷适量的水。（图 4–32–13）

步骤 14：将两条方形泥条粘接在一起后拍打，使它们粘接牢固。注意：粘接面之间不可形成夹层，一定要密实。（图 4–32–14）

步骤 15：将拍打成方形的泥条切分成四块大小一致的方形泥块。（图 4–32–15）

图 4–32–13　步骤 13

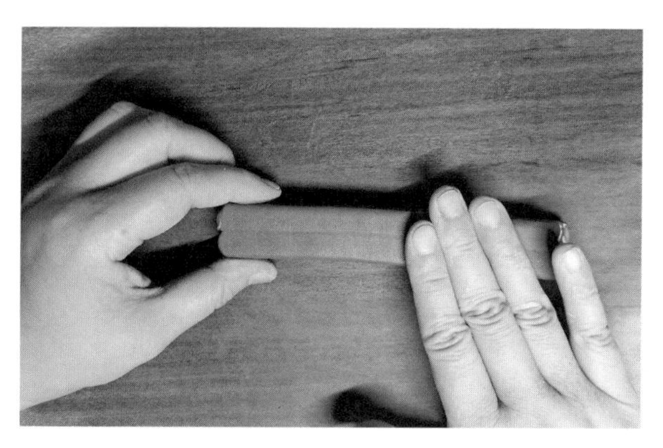

图 4-32-14　步骤 14

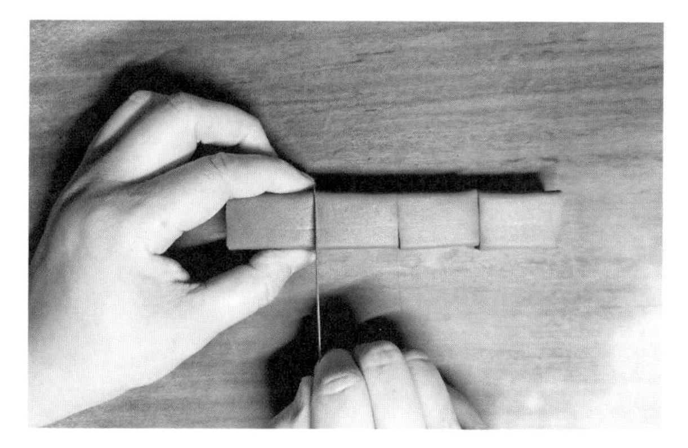

图 4-32-15　步骤 15

步骤 16：在方形泥块的粘接面上涂刷适量的水。（图 4-32-16）

步骤 17：分别将刷过水的方形泥块粘接紧实牢固，形成两块新的方形泥块。（图 4-32-17）

步骤 18：在方形泥块的粘接面上涂刷适量的水。（图 4-32-18）

步骤 19：将两块方形泥块粘接在一起。（图 4-32-19）

图 4-32-16　步骤 16

图 4-32-17　步骤 17

图 4-32-18　步骤 18

图 4-32-19　步骤 19

步骤 20：将粘接好的泥块拍打结实，直至泥块间的缝隙消失，形成一块新的方形泥块。（图 4-32-20）

步骤 21：用锋利的刀将泥块按照需要切割出泥片，在切割出来的每一片泥片上可以见到清晰的绞胎纹样。（图 4-32-21）

步骤 22：将切割出来的泥片按照造型形态的需要，塑造出不同的首饰造型。（图 4-32-22）

图 4-32-20　步骤 20

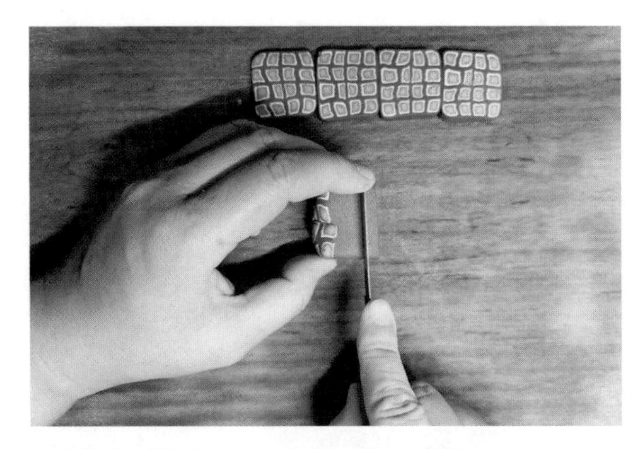

图 4-32-21　步骤 21

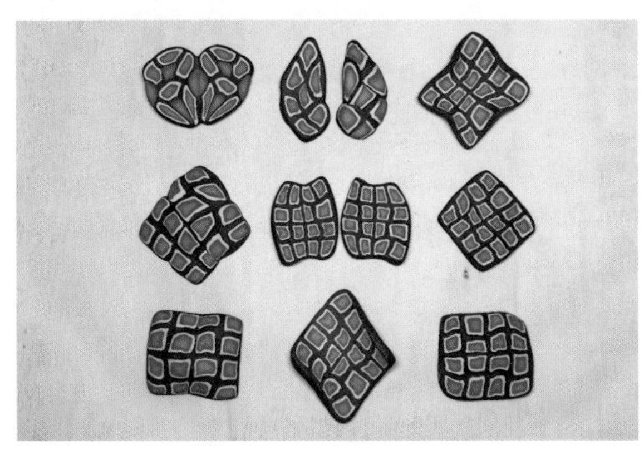

图 4-32-22　步骤 22

8. 釉下彩绘

釉下彩绘，是指利用釉下色料在陶瓷首饰坯体上进行纹样的绘制，然后覆盖透明釉经过高温烧制形成装饰纹样的工艺方法。釉下彩绘主要有青花装饰、釉下五彩装饰两大类。

（1）青花

步骤 1：用铅笔在坯体上勾画出装饰纹样。（图 4-33-1）

步骤 2：用勾线笔蘸取浓料勾画出装饰纹样的轮廓线。（图 4-33-2）

步骤 3：在青花料中加上适量的水，用笔调和出稍淡的料水，再用笔蘸取料水在装饰纹样的轮廓线内进行分染。注意：下笔时控制好笔中的含水量，做到笔到之处青花料水能够快速被坯体吸收。（图 4-33-3）

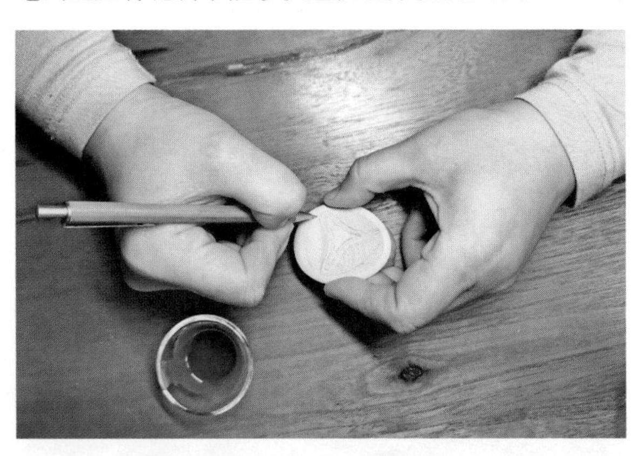

图 4-33-1　步骤 1

图 4-33-2　步骤 2

图 4-33-3　步骤 3

步骤 4：绘制完成。（图 4–33–4）

步骤 5：烧成效果。（图 4–33–5）

图 4–33–4 步骤 4

图 4–33–5 步骤 5

（2）釉下五彩

步骤 1：用羊毛笔蘸取清水给坯体补水，去掉表面的粉尘。（图 4–34–1）

步骤 2：用铅笔勾画出装饰纹样的轮廓。（图 4–34–2）

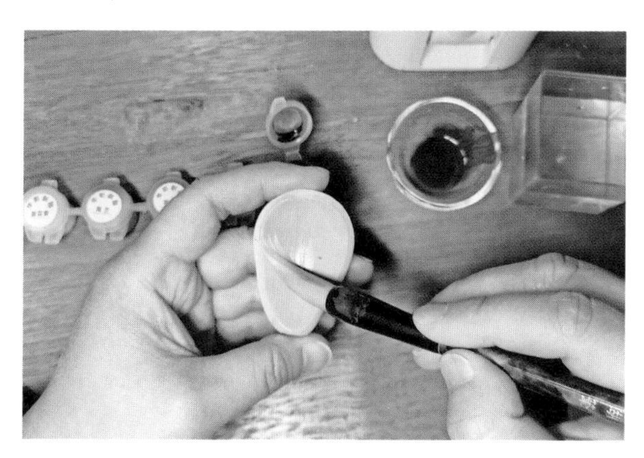

图 4–34–1 步骤 1

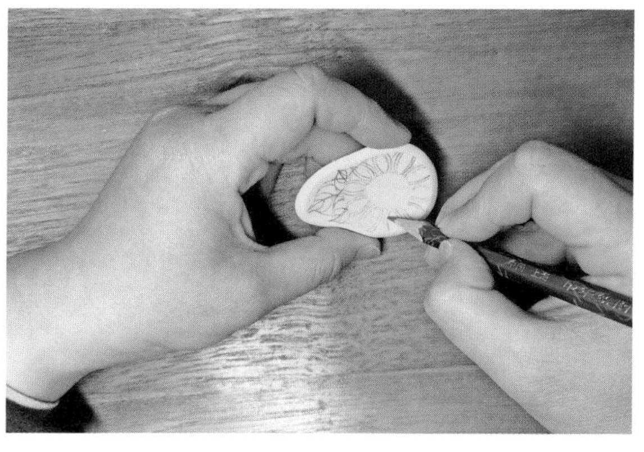

图 4–34–2 步骤 2

步骤 3：勾线笔蘸取黑料勾画装饰纹样的轮廓线。（图 4–34–3）

步骤 4：勾线笔蘸取蓝色色料勾画花心外围的线条。（图 4–34–4）

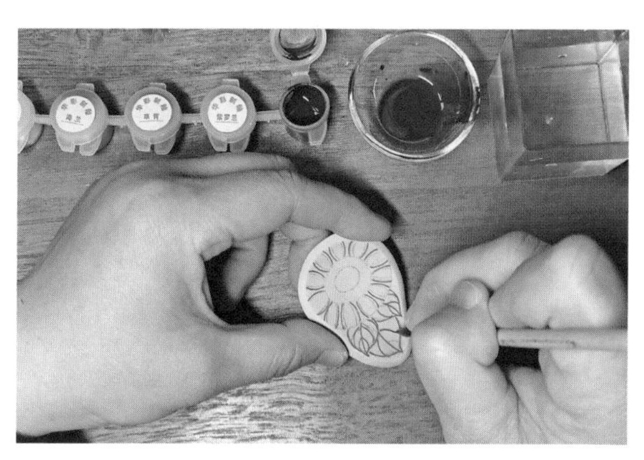

图 4–34–3 步骤 3

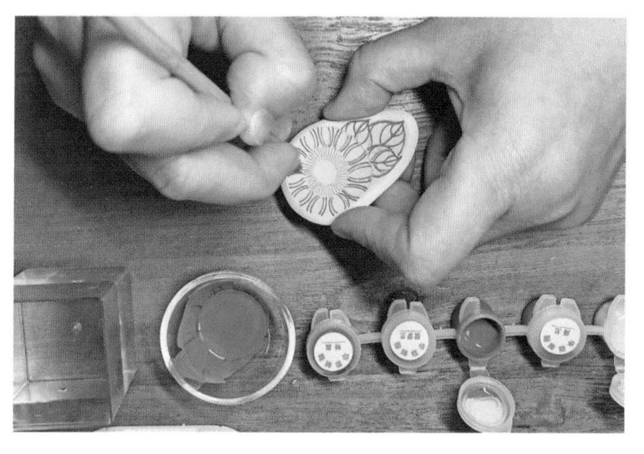

图 4–34–4 步骤 4

步骤 5：勾线笔蘸取红色色料点出花心。（图 4–34–5）

步骤 6：用小笔蘸取黄色色料，分染出花瓣的

颜色。注意：料色不可过浓，可按照 1∶1 的比例，用水与黄色色料调和，同时加入少许桃胶水。（图 4–34–6）

步骤 7：用小笔蘸取绿色色料，分染出花叶的颜色。注意：料色不可过浓，可按照 1∶1 的比例，用水与绿色色料调和，同时加入少许桃胶水。（图 4–34–7）

图 4–34–5 步骤 5

图 4–34–6 步骤 6

图 4–34–7 步骤 7

步骤 8：绘制完成。（图 4–34–8）

步骤 9：烧成效果。（图 4–34–9）

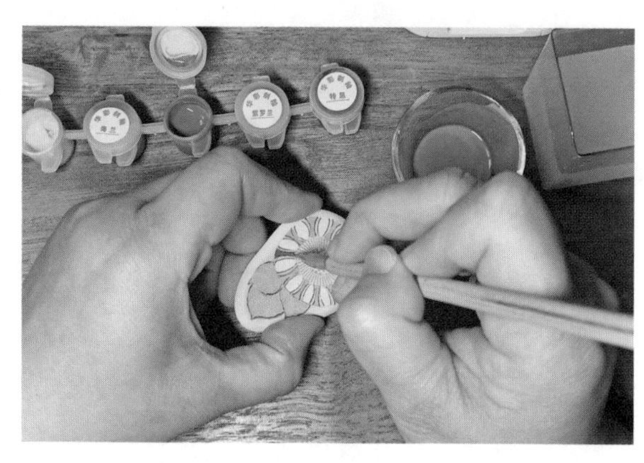

图 4–34–8 步骤 8

图 4–34–9 步骤 9

9. 釉上彩绘

釉上彩绘，是指用陶瓷釉上颜料结合相应的工艺技法在已烧制好的陶瓷首饰坯胎上彩绘装饰纹样后，再经过低温烤花形成装饰纹样的方法。古彩、粉彩、新彩这三类釉上装饰工艺的特点，不仅可以赋予陶瓷首饰以不同的风格特点，而且还能使陶瓷首饰呈现丰富而亮丽的色彩变化。

（1）古彩装饰

步骤 1：在勾好的墨线稿上用珠明料笔勾画出形象的线条。（图 4–35–1）

步骤 2：勾画形象的轮廓线。按照古彩的工艺要求，勾画的线条要做到料色浓黑、刚劲有力。（图 4–35–2）

图 4-35-1 步骤 1

图 4-35-2 步骤 2

步骤 3：平涂珠明料色，以强调形象的黑白对比。（图 4-35-3）

步骤 4：采用平填技法在已绘制好的画面上罩填古大绿（水料）以发色。注意：在罩填水料之前需要用雪白粉擦拭画面，以去除画面中多余的油分，这样可以避免产生工艺缺陷。（图 4-35-4）

步骤 5：罩填水料。（图 4-35-5）

步骤 6：烤花后的效果。（图 4-35-6）

（注：以上工艺步骤由余建江提供示范。）

图 4-35-3 步骤 3

图 4-35-4 步骤 4

图 4-35-5 步骤 5

图 4-35-6 步骤 6

（2）粉彩装饰

步骤 1：勾线，用打好珠明料的料笔勾画形象的轮廓线。按照粉彩的工艺要求，勾画的线条料色不可过重，线条要细而匀。（图 4-36-1）

步骤 2：彩料，用兼毫彩料笔晕染形象的明暗变化。（图 4-36-2）

步骤 3：打底，用洗染笔蘸取煤油调和广翠（净颜料），均匀地将打底色料扫刷在画面的形象上。（图 4-36-3）

图 4-36-1　步骤 1

图 4-36-2　步骤 2

图 4-36-3　步骤 3

步骤 4：填玻璃白，用羊毫笔蘸取调和研磨好的玻璃白（不透明白色）填入画面需要的地方。（图 4-36-4）

步骤 5：洗染净颜料，在填好的玻璃白上用洗染笔蘸取煤油调和净黄（净颜料），洗染出变化均匀的料色。（图 4-36-5）

步骤 6：罩填透明水料（粉彩大绿），用羊毫笔（特制的填料笔）调和出水、料比例合适的水料，均匀地罩填画面形象。（图 4-36-6）

图 4-36-4　步骤 4

图 4-36-5　步骤 5

图 4-36-6　步骤 6

步骤 7：罩填水料。（图 4-36-7）

步骤 8：烤花后的效果。（图 4-36-8）

（注：以上工艺步骤由余建江提供示范。）

图 4-36-7　步骤 7

图 4-36-8 步骤 8

10. 釉装饰

釉料在本质上说是由多种矿物原料组合而成的，它是按照一定的比例调配好之后磨制成釉浆，釉浆覆盖住陶瓷首饰坯体表面之后，经过高温煅烧形成有色或者无色的玻璃质薄层，起到美化陶瓷首饰造型作用的同时，赋予其光滑细腻、莹润透亮或粗犷古朴的表面质感。

步骤 1：准备好需要进行釉装饰的泥坯造型和釉料。（图 4–37–1）

步骤 2：将需要用到的釉料装入瓶中，按照装饰纹样色彩的设计意图先将蓝色釉料轻轻挤入装饰部位。注意：釉浆的浓度不可过稠或过稀，挤出的釉浆不可过厚。（图 4–37–2）

步骤 3：按照装饰纹样的色彩效果，将绿色釉料挤入需要装饰的部位。（图 4–37–3）

图 4–37–1 步骤 1

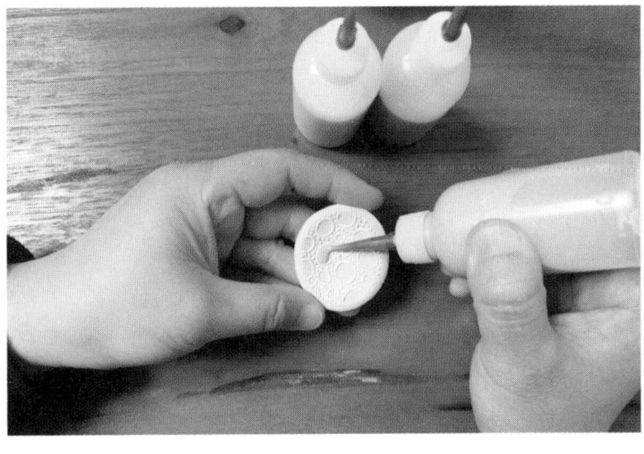

图 4–37–2 步骤 2

图 4–37–3 步骤 3

步骤 4：按照装饰纹样的色彩效果，将红色釉料挤入需要装饰的部位。（图 4–37–4）

步骤 5：将灰色釉料挤入相应的装饰部位。（图 4–37–5）

步骤 6：用工具将多余的釉料清理干净。（图 4–37–6）

步骤 7：烧成效果。（图 4–37–7）

图 4–37–4 步骤 4

图 4-37-5　步骤 5

图 4-37-6　步骤 6

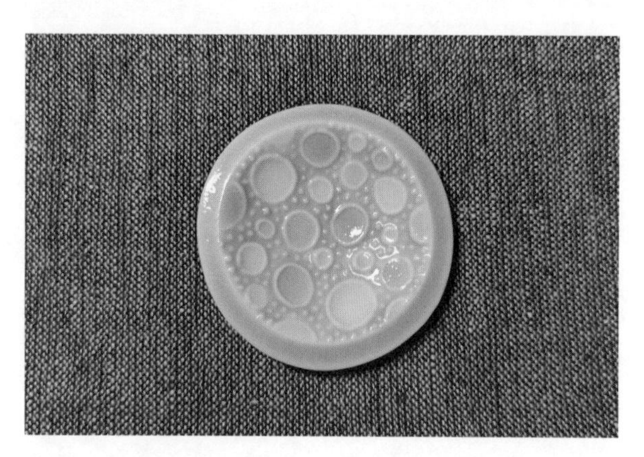

图 4-37-7　步骤 7

第三节　施釉和烧成

一、施釉工艺方法

陶瓷首饰坯体体量较小，施釉的过程中，我们只要掌握好方法，相对于大件陶瓷艺术作品，对它的施釉是较为简单的。我们可以用到的施釉方法主要有浸釉和喷釉。

1. 浸釉

浸釉，是指将制作好的陶瓷首饰坯体浸入釉料中吸附釉浆的方法。浸釉对于陶瓷首饰而言是最有效率的施釉方法，这也需要我们在设计时考虑到采用什么样的结构既不影响造型的表现，又便于施釉方法的操作。例如，在陶瓷首饰需要安装金属结构件辅助实现佩戴功能的位置打孔，在施釉时这个孔就成为可实施浸釉的关键。浸釉后，需要将进入小孔中的釉料清理干净，为后续的吊烧做好准备。（图 4–38）

图 4–38　浸釉

2. 喷釉

喷釉，是指运用喷釉壶将釉料喷到陶瓷首饰坯体表面的施釉方法。由于陶瓷首饰体量较小，多数立体造型适合采用浸釉的方法给坯体施釉，而相对平面的造型则可以采用喷釉的方法给坯体施以釉浆。喷釉后，需要将坯体底部清理干净，为后续的平烧做好准备。（图 4–39）

图 4–39　喷釉

二、烧成工艺方法

陶瓷首饰的烧成方法主要有平烧、吊烧、支烧。采用哪种烧成方法，是由陶瓷首饰的造型决定的，不同的造型形式有着不同的烧成方法。

1. 平烧

平烧，是一种较为简单、便捷的烧成方法。这种方法适合进行平面化造型的陶瓷首饰的烧成，烧成时只需把施好釉的陶瓷首饰坯体直接置于窑内棚板上即可。通常这类造型接触棚板的一面不可有釉料覆盖，需要在烧成前清理干净，否则烧成后会和棚板粘在一起。（图 4–40）

图 4–40　平烧

2. 吊烧

吊烧，是指利用耐高温的钨丝与吊烧支架或吊烧盒进行陶瓷首饰烧成的方法。这种方法适合立体造型的陶瓷首饰的烧成，烧成时需要将吊烧孔清理干净，以免烧成后与钨丝粘连。（图 4–41）

图 4–41　吊烧

3. 支烧

支烧，是指采用支烧的工具进行陶瓷首饰烧成的方法。支烧通常利用可形成支点的工具支住陶瓷首饰底部来实现烧成；（图 4–42）或以一头尖细一头粗的耐高温钨丝支住陶瓷首饰的孔洞进行烧成。（图 4–43）支烧的工具可在陶艺工具店铺中购得，也可以利用耐高温钨丝自制而成。

图 4–42　支烧方式 1

图 4–43　支烧方式 2

用耐高温钨丝制作的支烧工具：利用夹钳剪切出长短合适的钨丝，将其中的一头打磨尖细，另一头插入泥块中，即可实现陶瓷首饰的支烧。（图 4–44）

图 4–44　利用耐高温钨丝自制的支烧用工具

第五章
陶瓷首饰的后期加工和处理

与其他材料的配件组合

与其他材料和工艺的结合

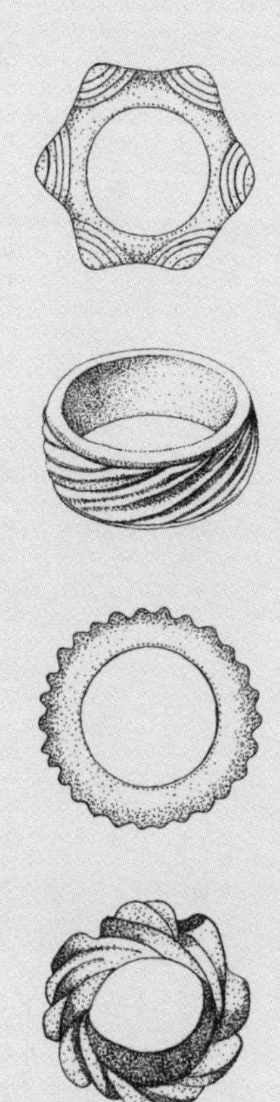

第一节　与其他材料的配件组合

陶瓷首饰材料的特殊性决定了其佩戴功能必须和其他材料结合才可得以实现。如今的小商品市场和店铺中用多种材料加工而成的配件越来越丰富多样，为陶瓷首饰提供了多种可实现佩戴功能的方法和途径。

一、金属配件

用于陶瓷首饰的金属配件通常有金属链、钢丝、戒托、胸饰托以及具有固定和连接作用的小型配件。这些种类繁多的金属配件从小商品市场、专业门店或网络店铺中都可以购得。金属配件有的是银质或K金材料的，有的是铜质材料的，有的是用合金材料制作而成的。这些丰富多样的金属配件现成品可以根据需要进行多样选择，与陶瓷首饰组合在一起。（图5–1）

选择金属配件现成品与陶瓷首饰组合时，我们需要首先把金属配件和陶瓷首饰主体部分结合在一起进行整体设计，再根据设计选择相宜的金属配件现成品与之组合。有的时候，也可以根据金属配件现成品的尺寸进行陶瓷首饰主体部分尺寸的设计。例如，利用金属托现成品与陶瓷胸饰组合，可以根据金属托现成品的尺寸来设计和制作陶瓷部分，最后将烧成的胸饰与金属托以黏合或嵌合的方式组合在一起，使金属配件与陶瓷首饰主体部分形成统一的整体。

二、其他材料的配件

可与陶瓷首饰组合使用的配件除了金属材料所制的以外，还有用作配件的编织绳、皮绳、尼龙绳等。（图5–2）另外，玻璃珠、塑料珠、木珠等现成品也可以成为陶瓷首饰的附属材料。（图5–3、图5–4）这些配件与陶瓷首饰组合在一起，既可以实现陶瓷首饰的佩戴功能，也可以通过相应的工艺增添陶瓷首饰的装饰性。与其他材料的配件组合，须恰到好处，忌喧宾夺主，确保陶瓷材料的主体性，这样才能体现陶瓷首饰在材料上的属性和特点。

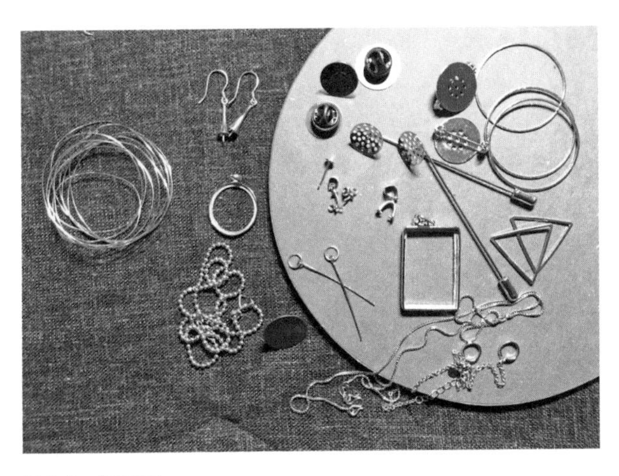

图5–1　金属配件

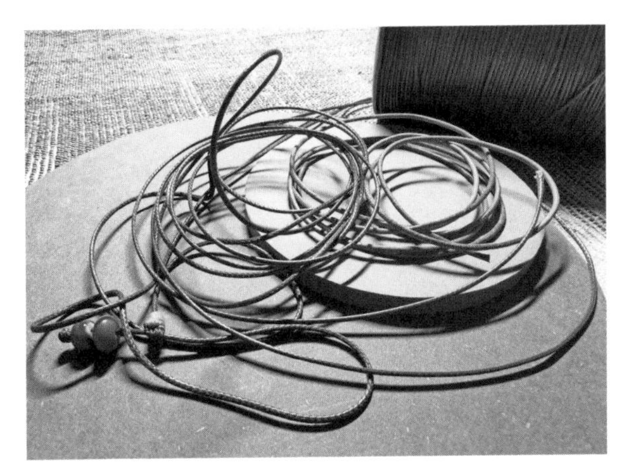

图5–2　皮绳、编织绳

图 5-3 玻璃珠

图 5-4 木珠

三、黏合剂

陶瓷首饰与配件的组合，有时需要通过黏合剂黏结而成。黏合剂的选用，通常以黏结牢固程度为标准，以确保陶瓷首饰主体部分与配件黏合牢固不致脱落。常用的黏合剂主要有珠宝胶、可黏结陶瓷的强力胶、环氧树脂 AB 胶等。

第二节　与其他材料和工艺的结合

一、与金属材料及其加工工艺结合

陶瓷首饰与金属材料及其加工工艺结合，连接了陶瓷制作和首饰制作两种工艺。运用金属加工工艺，我们不仅可以解决陶瓷首饰的佩戴问题，也可以实现陶瓷首饰与金属材料的质感对比，构成陶瓷首饰材料语言多样化的审美要素和表现空间。

金、银、铜等金属材料具有很好的延展性，加工方式和工艺较为丰富，有锻造、铸造、焊接、编织等工艺，也可以通过打磨、喷砂、氧化等方法来改变材料的表面质感和效果。可与陶瓷首饰结合的金属加工工艺主要有焊接、铸造、镶嵌等。金属材料与陶瓷材料结合，不仅可以衬托出陶瓷材料的质感，衬托出釉料色彩的丰富性和光滑莹润之感，而且在一定程度上可以提升陶瓷首饰的精致度和气质。

用于陶瓷首饰的金属焊接工艺，不需要像金属类首饰那么复杂。通常情况下，首饰造型要突出陶瓷材料的主体性，实现佩戴功能，与陶瓷部分结合的金属构件焊接牢固即可。若陶瓷首饰与较复杂的金属结构组合在一起，我们就需要借助焊接工艺体现金属构造语言的丰富性，让陶瓷部分在金属材料的衬托下焕发出别样魅力。

陶瓷首饰中与陶瓷材料结合的金属部分，还可以运用铸造工艺来完成造型的塑造。铸造工艺主要有陶范铸造、失蜡法铸造。对于陶瓷首饰中的金属部分，我们可以根据作品的特点选择不同的铸造方法，以形成一定的形式美感。陶瓷首饰与金属铸造工艺结合，需要在设计时将陶瓷材料与金属部分作为统一整体。无论采用哪种铸造方法，金属材料呈现的肌理或质感都需要和陶瓷部分形成完美的统一。金属部分可以是陶瓷部分在造型上的延续或补充，也可以是与陶瓷材料形成对比的表现方式。（图 5-5、图 5-6）

陶瓷首饰与金属材料的镶嵌工艺结合，不仅是在材料语言上的碰撞，而且是实现陶瓷首饰佩戴功能的必要手段。运用镶嵌工艺与陶瓷首饰结合时，同样需要在设计过程中充分考虑陶瓷材料部分的结构与镶嵌结构的关系，在制作过程中要考虑如何塑造与镶嵌结构吻合的构造。与金属镶嵌工艺结合，在实现佩戴功能的同时，也赋予陶瓷首饰更加丰富的表现空间。（图 5-7、图 5-8）

二、与其他材料结合

综合材料在各艺术门类中的应用，虽然打破了门类间清晰的界限，但也正是在不断挖掘的过程中，材料语言产生了各种可能性，赋予艺术形式前所未

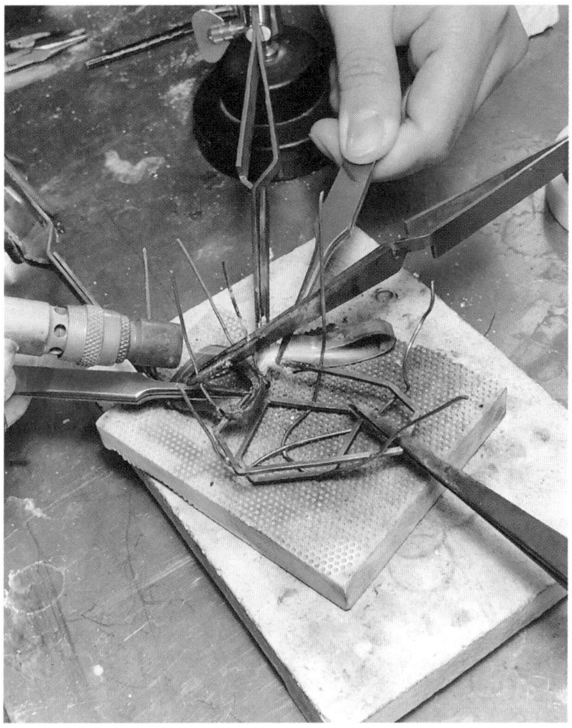

图 5-5　焊接

图 5-6　金属工艺与陶瓷材料结合的陶瓷胸针。材料：色泥、瓷泥、釉料、金属。工艺：捏塑，镶嵌，焊接。作者：刘慕君

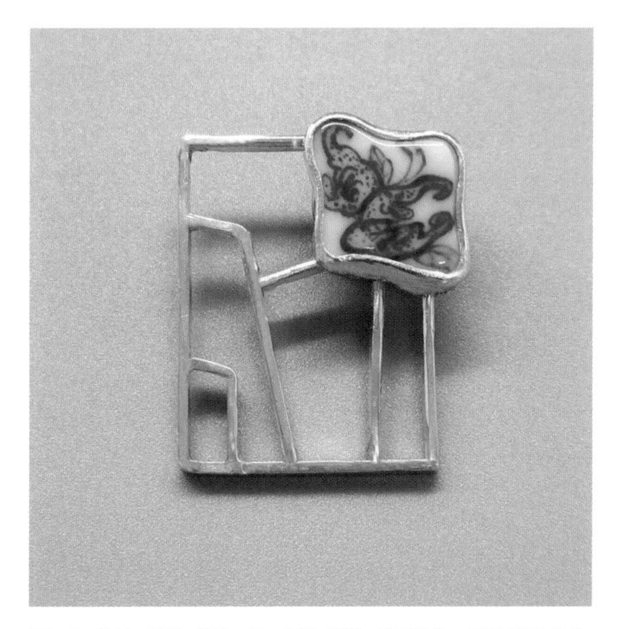

图 5-7　胸针。材料：瓷泥、银。工艺：捏塑，釉下彩绘，高温还原焰烧成，锻造，镶嵌。作者：李真，指导老师：胡淑媛

图 5-8　胸针。材料：瓷泥、釉下五彩色料、黄铜。工艺：泥片成型，醴陵釉下五彩，激光切割，铜抓焊接。作者：胡慧

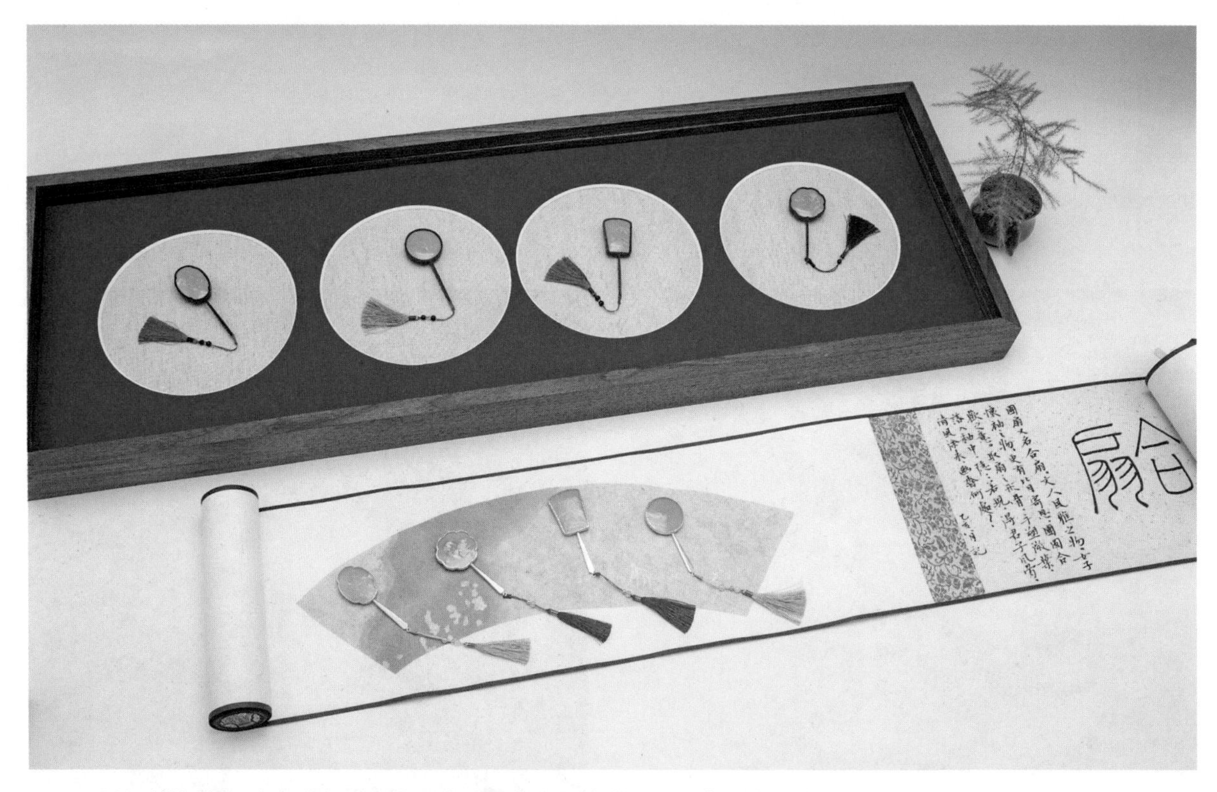

图 5–9　胸针。材料：瓷泥、青釉、红木、编织绳。工艺：模具成型，雕刻装饰，高温烧成。作者：吴哲

有的多元化面貌。从综合材料与陶瓷艺术结合的趋势来看，其表现形式变得更加丰富，表现空间得到了拓展，对材料纯粹性的理解变得不再狭隘。如今，首饰泛材料化的发展证明了材料的纯度、稀有性不再是价值认同的唯一标准。

从陶瓷首饰的角度来看，与陶瓷以外的材料结合同样需要设计手段和设计创意来赋予它超越自身的价值。陶瓷首饰设计中与木材、皮革、织物、树脂等材料或者人造材料结合，不是简单的材料组合，而应该是借助材料的不同肌理、质感、颜色以及加工工艺相互碰撞产生多样化的艺术表现语言及表现空间，实现陶瓷首饰设计创意的表达。然而，不同材料间的相互配合，需要体现材料的主次关系，陶瓷是主体，不能过度使用其他材料导致陶瓷材料主体性被削减，这样才能在柔软和坚硬、光滑与粗糙、光亮与温润、质朴与华丽等的对比中凸显陶瓷首饰的独特魅力。（图 5–9）

第六章
艺术家作品赏析

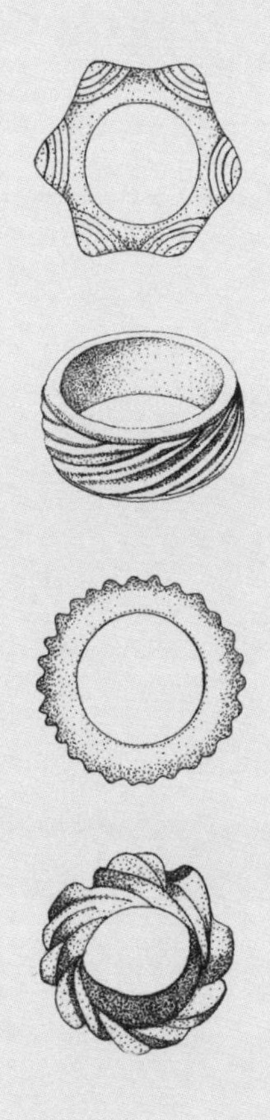

图 6–1　《行星》，陶瓷项圈。材料：瓷泥、钢丝、银。年代：2016。作者：玛尔塔·阿尔马达（西班牙）

图 6–2–1　《卫星》，陶瓷胸针。材料：瓷泥、银。年代：2018 。作者：玛尔塔·阿尔马达（西班牙）。摄影：Quique Touriño

图 6–2–2　《卫星》，陶瓷胸针。材料：瓷泥、银。年代：2019。作者：玛尔塔·阿尔马达（西班牙）。摄影：Quique Touriño

从《卫星》这组作品中，我们可以看到作者的设计借鉴了陶瓷容器的造型，可能是罐、碗、咖啡杯碟。这种造型形式的表现和作者作为陶艺家的日常创作可能有着一定的联系。作品造型形式的组合极为巧妙。作为胸针佩戴，从直视观赏的视角，我们可能会产生对卫星的联想。这也许就是作者设计的意图。

图 6–3　《分子》，陶瓷吊坠。材料：瓷泥、金、丝线。年代：2018。作者：玛尔塔·阿尔马达（西班牙）

从《分子》这一作品中，我们可以强烈地感受到作者对作品造型和色彩的设计与表达是理性的。单独的个体造型略有变化，外形却饱满而富有张力，红和白看似对比鲜明，但是哑光的质感却让这种对比形成一种和谐。釉上描金不仅为这件作品增添了色彩和高级感，而且巧妙地突出了作品的主题。

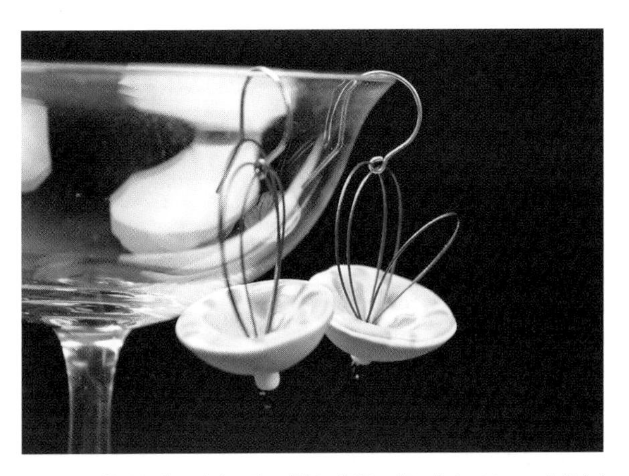

图 6–4　《蝴蝶 L》，陶瓷耳坠。材料：瓷泥 、银。作者：Yasuyo（捷克）

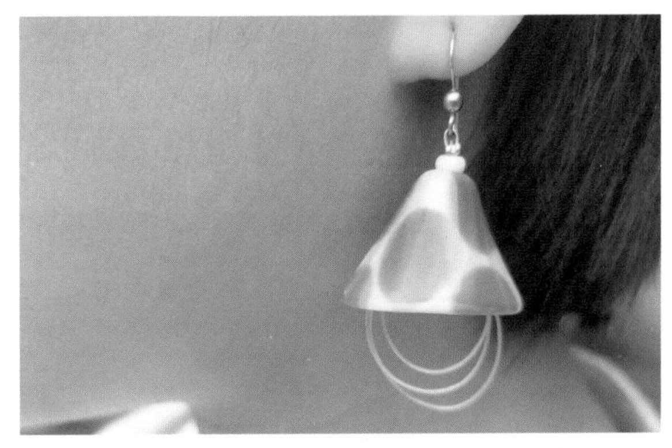

图 6–5　陶瓷耳坠。材料：瓷泥、银。作者：Yasuyo（捷克）

陶艺家 Yasuyo 善于利用水溶性氧化物与陶瓷器皿结合。在她看来，“当水溶性氧化物的颜色溶于陶瓷本白，既温和又深邃”。《蝴蝶 L》陶瓷耳坠和图 6–5，同样也用到了这一方法。耳坠造型简洁，温和而深邃的色彩装饰其间，充分体现出作者将艺术与工艺技巧进行了完美的融合。

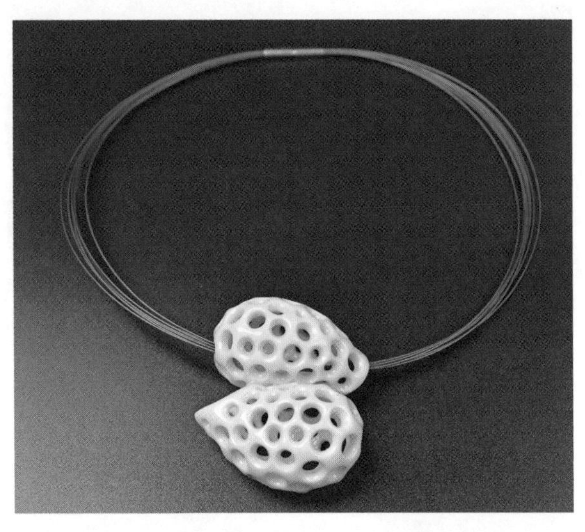

图 6–6 KODAMA double white，陶瓷吊坠。材料：瓷泥、钢丝。作者：Yasuyo（捷克）

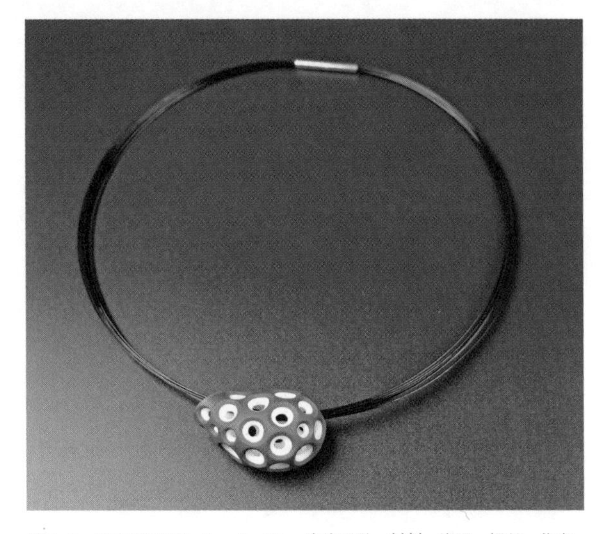

图 6–7 KODAMA black and white，陶瓷吊坠。材料：瓷泥、钢丝。作者：Yasuyo（捷克）

这件作品造型中的黑白两种颜色，是采用了黑色和白色泥浆分次注浆而成型的。成型后，再利用工具在泥坯上打出圆孔。为了让两种色彩产生鲜明的装饰效果，作者用刻刀在圆孔上旋削出斜面，使黑白对比鲜明而富有装饰性。从作品精致的程度上，我们可以强烈地感受到作者对工艺有着极致的追求。（图 6–7）

图 6–8–1 陶瓷胸针。材料：瓷泥、金属配件。工艺：模具成型、高温烧制、釉上描金、低温烤花。作者：李惠先（韩国）。注：作品摄于 2017 年中韩生活艺术陶瓷设计展

图 6–8–2 陶瓷胸针。材料：瓷泥、金水、金属配件。工艺：捏塑成型、高温烧制、釉上描金、低温烤花。作者：李惠先（韩国）

在这组作品中，我们可以看到作者是利用泥料的塑性捏塑出造型的形态的。为了保留住泥巴的本性，作者没有过多地修整造型的外形。作品洁白的釉色与金结合得恰到好处，看似不经意的描金，却使造型所要表达的泥性特征更加突出。（图 6–8–2）

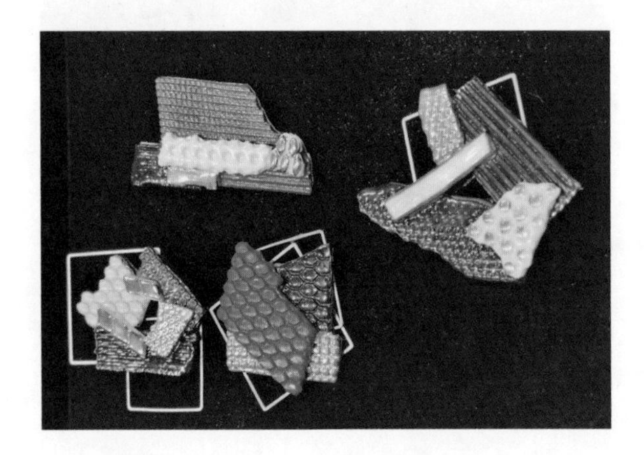

图 6–9–1 陶瓷胸针。材料：瓷泥、金属配件。作者：不详（韩国）。注：作品摄于 2019 年景德镇国际陶瓷博览会

在这一组作品中，我们可以看到作者利用了带有肌理质感的现成物以及滚压泥片时留下的肌理，然后随意切削或撕扯出大小、宽窄、长短不一的泥片，再重新组合形成胸针泥坯的雏形。经过釉色的搭配处理，烧成后，它又与金属配件组合成具有一定形式感的造型。组合方式看似随意，却有着对点、线、面形式感的设计及对色彩对比变化的处理。作品有着结构主义的特征。

图 6-9-2　陶瓷首饰。材料：瓷泥、釉下色料、金水、编织绳、金属配件。作者：不详（韩国）。注：作品摄于 2019 年景德镇国际陶瓷博览会

这一组作品外形简单。作者利用拉坯或修坯产生的旋纹在简单的圆形上形成起伏变化的结构，有秩序感的旋纹与釉下色料、釉上描金工艺结合，使相对简单的形式语言在统一中产生质感的对比和色彩的变化，在简单的造型上体现出了丰富的层次和装饰性。

图 6-10-1　《虚・影》系列之二，胸针。材料：陶瓷、银。工艺：捏塑、高温烧制、釉上彩绘、掐丝。创作年代：2020 年 8 月。作者：宁晓莉

图 6-10-2　《虚・影》系列之六，胸针。材料：陶瓷、银。工艺：捏塑、高温烧制、釉上彩绘、掐丝。创作年代：2020 年 8 月。作者：宁晓莉

《虚・影》系列作品，是作者将陶瓷材料和工艺与中国传统花丝工艺相结合设计并制作的系列胸针作品。陶瓷部分是以高白泥为材料，采用捏塑的手法捏制出花朵的意象造型，再施以透明釉，经过高温烧制成瓷后，以釉上彩绘工艺随型附彩。作者对花丝工艺部分在突破传统花丝形制的基础上进行了新的探索和尝试。作品以陶瓷材料作为首饰的主体形象，花丝工艺在传统工艺的基础上有着新形式的探索，二者的结合相得益彰、和谐统一、主题鲜明。纯银材料和工艺在陶瓷部分营造出一定的空间结构，使作品具有玲珑剔透之感。陶瓷釉上彩绘、花丝工艺相对丰富的装饰语言与作品简练的造型结合，在统一中形成一定的对比变化，在体现审美意趣的同时，给人带来一种宁静的意境和感受。

图 6-11-1 《悦・己》系列之一，胸针。材料：陶瓷、纯银。工艺：捏塑、高温烧制、釉上彩绘、低温烤花、金属锻造。创作年代：2017 年。作者：宁晓莉

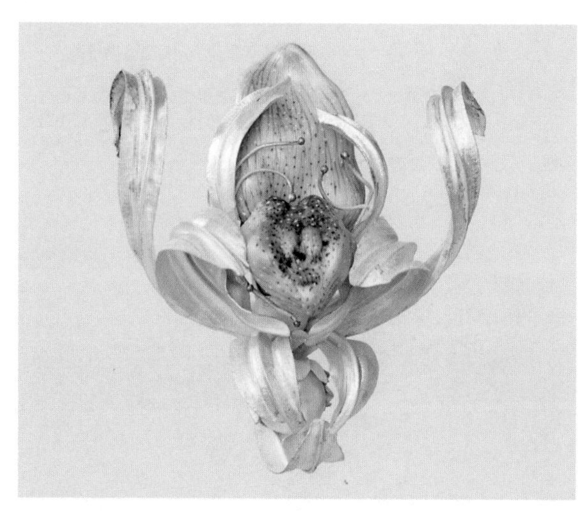

图 6-11-2 《悦・己》系列之二，胸针。材料：陶瓷、纯银。工艺：捏塑、高温烧制、釉上彩绘、低温烤花、金属锻造。创作年代：2017 年。作者：宁晓莉

图 6-11-3 《悦・己》系列之三，胸针。材料：陶瓷、纯银。工艺：捏塑、高温烧制、釉上彩绘、低温烤花、金属锻造。创作年代：2017 年。作者：宁晓莉

《悦・己》系列作品，是将陶瓷材料及工艺和金属锻造工艺相结合的系列作品。作者以花卉为题材，通过对取材对象的意象截取，使其成为作品的主体形象。以陶瓷材料和工艺成型的主体形象，结合釉上彩绘工艺加以装饰，以粉色突出花朵的柔美。主体形象与金属锻造工艺成型的花叶融为一体，充分展现出花卉含苞欲放或亭亭玉立的审美意境。作者以女性的视角，结合材料语言充分表达出悦己的内心感受。

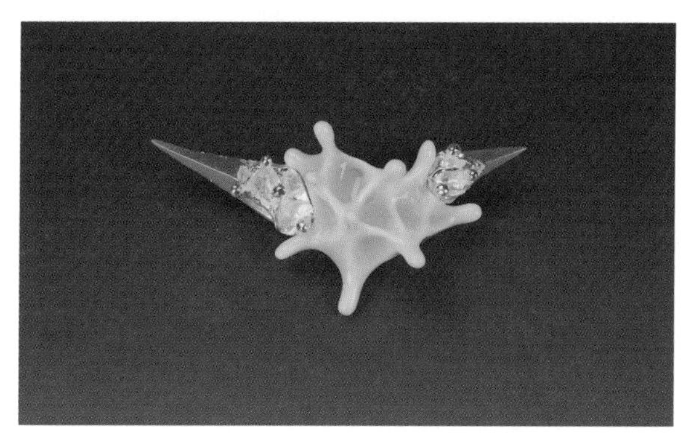

图 6-12-1 《青白饰》系列之二，胸针。材料：陶瓷、银。创作年代：2018 年。工艺：捏塑、雕刻、高温烧制、锻造、铸造、镶嵌。作者：苏雪娇

图 6-12-2 《青白饰》系列之三，胸针。材料：陶瓷、银。创作年代：2018 年。工艺：捏塑、雕刻、高温烧制、锻造、铸造、镶嵌。作者：苏雪娇

图 6-12-3 《青白饰》系列之五，胸针。材料：陶瓷、银。创作年代：2018 年。工艺：捏塑、雕刻、高温烧制、锻造、铸造、镶嵌。作者：苏雪娇

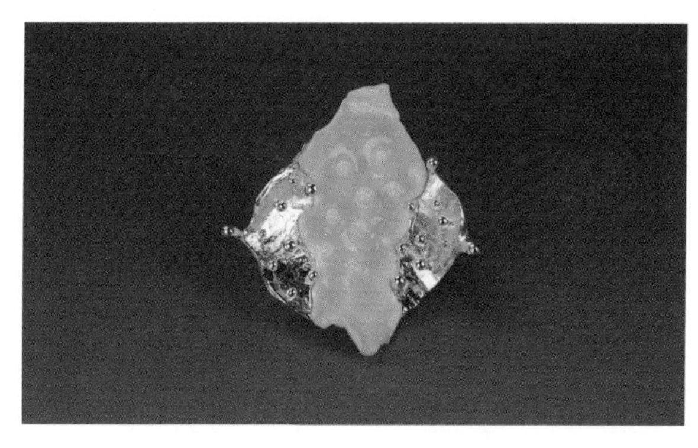

图 6-12-4 《青白饰》系列之六，胸针。材料：陶瓷、银。创作年代：2018 年。工艺：捏塑、雕刻、高温烧制、锻造、铸造、镶嵌。作者：苏雪娇

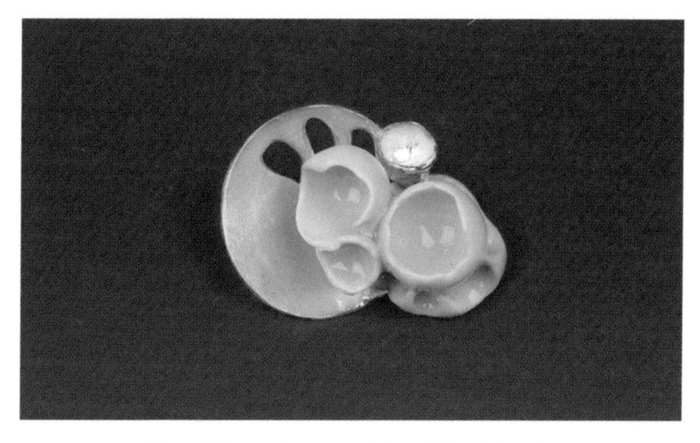

图 6-12-5 《青白饰》系列之十，胸针。材料：陶瓷、银。创作年代：2018 年。工艺：捏塑、雕刻、高温烧制、锻造、铸造、镶嵌。作者：苏雪娇

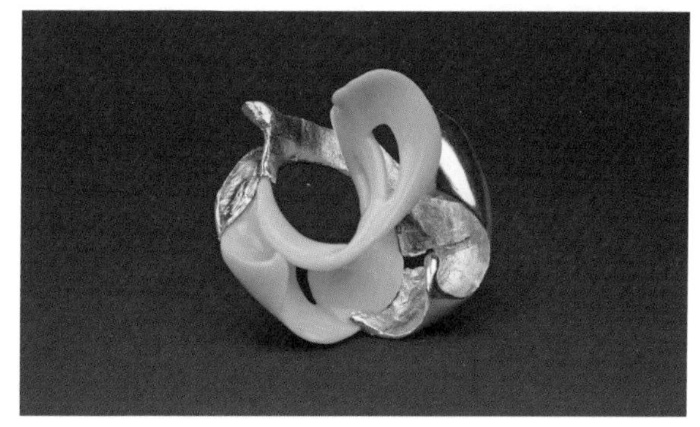

图 6-12-6 《青白饰》系列之十三，胸针。材料：陶瓷、银。创作年代：2018 年。工艺：捏塑、雕刻、高温烧制、锻造、铸造、镶嵌。作者：苏雪娇

《青白饰》系列作品是作者采用金属工艺与陶瓷材料及工艺制作而成的。陶瓷部分采用瓷泥为材料，运用雕刻工艺施以影青釉料，用 1300℃还原焰烧成。釉料覆盖在深浅起伏变化的结构中，单一釉色形成剔透的深浅变化，釉色与结构相得益彰。作品创作主题突出，强调造型结构的变化和虚实空间的营造，两种材料语言的融合通过设计表达出作者个性化的艺术风格。在设计中，作者将银质材料与陶瓷部分结合在一起进行整体设计，形成和谐的统一整体，银质材料在造型上很好地突出了陶瓷材料的主体性及材料的特点。银质材料造型部分采用失蜡法进行前期铸造。银质材料是围绕青白瓷部分从形态和主次关系上进行的整体设计，达到相互衬托的目的。银质材料部分制作好之后，用镶嵌的方式与陶瓷部分嵌合在一起。

图 6-13-1 《紫微》系列，吊坠。材料：紫砂、编织绳。工艺：捏塑、压光、1180℃氧化焰烧成。创作年代：2018 年。作者：蒋雍君

图 6-13-3 《紫微》系列，吊坠。材料：紫砂、编织绳。工艺：捏塑、压光、1180℃氧化焰烧成。创作年代：2018 年。作者：蒋雍君

图 6-13-2 《紫微》系列，吊坠。材料：紫砂、编织绳。工艺：捏塑、压光、1180℃氧化焰烧成。创作年代：2018 年。作者：蒋雍君

《紫微》系列作品，是以宜兴紫砂泥为材料制作的陶瓷首饰。作者通晓材料的特性，以精湛的工艺结合巧妙的设计，在首饰的方寸空间充分利用紫砂泥独有的塑性，在简洁的造型中以行云流水般的线条赋予首饰造型以独特的装饰性。造型看似简单，却蕴含着作者对紫砂泥泥性的感悟和表达。作品呈现出特有的个人艺术风格。从中我们不仅可以看到制作工艺对材料特点的充分反映，也可以感受到作者精心的推敲和设计。

紫砂泥是一种含铁量较高且质地细腻、塑性极好的陶泥。它不仅质地细腻，烧结后还具有一定的气孔率，不渗水却透气，是制作茶壶的理想材料。紫砂泥的分子排列与一般陶泥的颗粒结构不同，在经过 1160℃ ~1200℃的高温烧制后呈鳞片状结构。用紫砂泥制作器物，经过特殊的压光工艺，器物表面光滑润泽，一般不需要施釉。

图 6-14-1 《融雪》系列，耳饰。材料：陶瓷、银。工艺：注浆成型、高温烧制、铸造。年代：2016 年。作者：刘慕君。摄影：王翔

图 6-14-3 《融雪》系列，耳饰。材料：陶瓷、银。工艺：注浆成型、高温烧制、铸造。年代：2016 年。作者：刘慕君。摄影：王翔

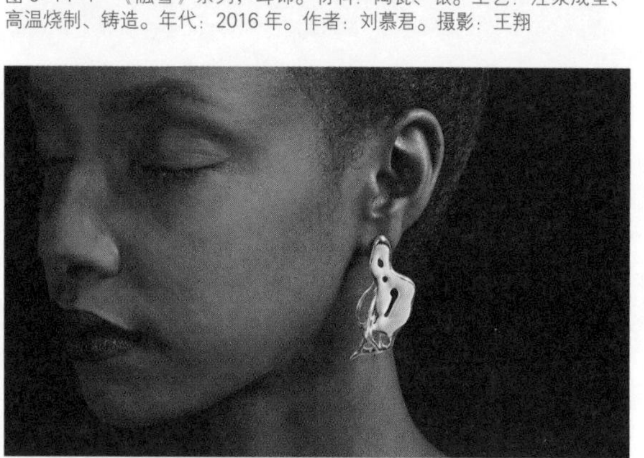

图 6-14-2 《融雪》系列，耳饰。材料：陶瓷、银。工艺：注浆成型、高温烧制、铸造。年代：2016 年。作者：刘慕君。摄影：王翔

在《融雪》这组作品中，作者刘慕君尝试表现陶瓷在泥浆状态下的流动性，凸显陶瓷材料独特的质感美。烧成的瓷片非常轻薄，但是易碎，用金属包裹陶瓷的边缘，既丰富了视觉效果，又保护了陶瓷材料。雕蜡是金属制作工艺中一种常用的工艺方法。在这组作品中，作者选择手工雕蜡的工艺来创作。蜡的材料属性决定了它在高温时会融化为液态。作者利用这种属性，将金属材质铸造为类似液态的效果，使其与陶瓷主体形象形成呼应，并且包裹瓷片，对陶瓷形成良好保护的同时，提升陶瓷首饰的视觉审美效果，体现超越材料自身的更高价值。

图 6-15-1 《触》系列，胸针。材料：陶瓷、银、钢丝。工艺：捏塑、高温烧制、镶嵌。年代：2018 年。作者：刘慕君。摄影：王翔

图 6-15-2 《触》系列，胸针。材料：陶瓷、银、钢丝。工艺：捏塑、高温烧制、镶嵌。年代：2018 年。作者：刘慕君。摄影：王翔

图 6-15-3 《触》系列，胸针。材料：陶瓷、银、钢丝。工艺：捏塑、高温烧制、镶嵌。年代：2018 年。作者：刘慕君。摄影：王翔

在《触》这组作品中，作者尝试着重表现陶瓷釉料丰富且美妙的材质特点。与《融雪》不同的是，在这组作品中，金属起视觉辅助的连接作用，焊接后的金属部分像微型的建筑模型，作品的主角是陶瓷部分。作者尝试使釉烧后的陶瓷像宝石一样，镶嵌在金属构架内，以获得一种珍贵、美妙的视觉效果。

图 6-16-1 《熵》系列，胸针。材料：陶瓷、树脂、天然石头、银等。工艺：捏塑、高温烧制、3D 打印。作者：刘慕君。摄影：王翔

图 6-16-3 《熵》系列，胸针。材料：陶瓷、树脂、天然石头、银等。工艺：捏塑、高温烧制、3D 打印。作者：刘慕君。摄影：王翔

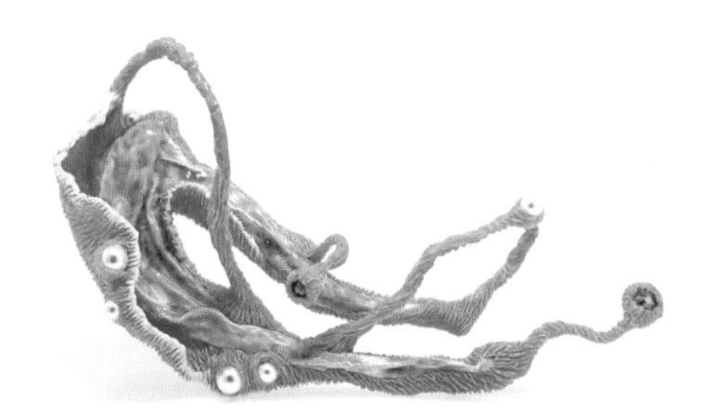

图 6-16-2 《熵》系列，胸针。材料：陶瓷、树脂、银等。工艺：捏塑、高温烧制、3D 打印。作者：刘慕君。摄影：王翔

在《熵》这组作品中，作者尝试将 3D 打印树脂与陶瓷材料相结合。与金属相比，轻便的树脂材料在重量方面有着优势，这使得陶瓷首饰可以进行更大体量的创作，同时不影响佩戴者的舒适度。在作品形态方面，3D 打印通过扫描、建模、手工微调等方法，可以与陶瓷材料产生丰富的互动，从而在形态上有更加立体丰富的视觉效果。并且，包裹在陶瓷外圈的树脂最大限度地保护了陶瓷材料。

图 6–17–1　《蠢》系列，胸针。材料：陶瓷、黄铜片。工艺：釉下五彩、高温烧制、激光切割。创作年代：2019 年。作者：胡慧

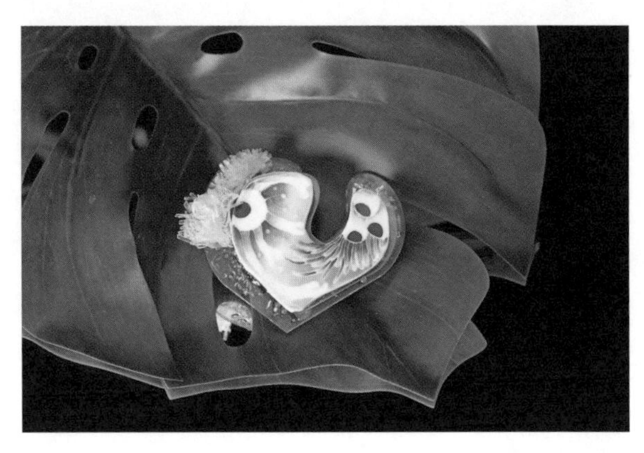

图 6–17–4　《蠢》系列，胸针。材料：陶瓷、金属、环氧树脂、热缩片、珠子。工艺：釉下五彩、高温烧制。作者：胡慧

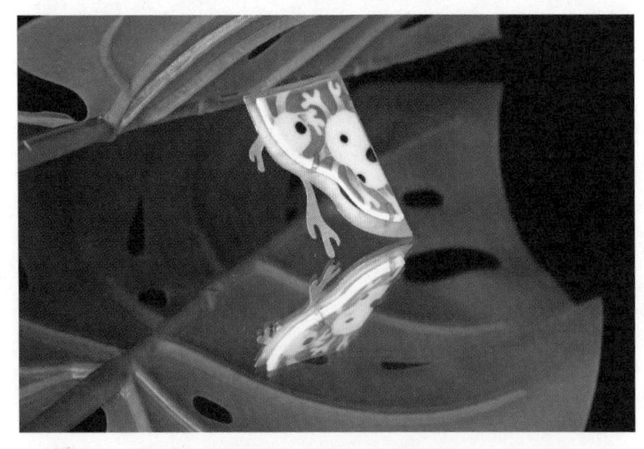

图 6–17–2　《蠢》系列，胸针。材料：陶瓷、黄铜片。工艺：釉下五彩、高温烧制激光切割。创作年代：2019 年。作者：胡慧

图 6–17–3　《蠢》系列，胸针。材料：陶瓷、黄铜片。工艺：釉下五彩、高温烧制、激光切割。创作年代：2019 年。作者：胡慧

《蠢》系列首饰的颜色明亮多彩，在阳光的照耀下呈现光怪陆离的色彩。《蠢》以昆虫元素为出发点，结合了陶瓷、金属、环氧树脂等材料，以醴陵釉下五彩彩绘工艺进行装饰，来展现作品的主题。

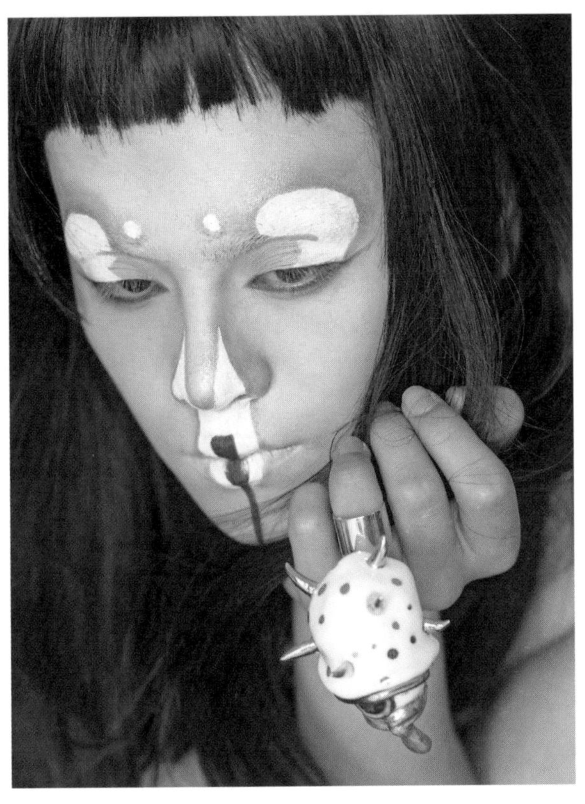

图 6–18–1 《蟲》系列，戒指。材料：陶瓷、金水、金属。工艺：高温烧制、釉上描金、低温烤花。作者：胡慧

图 6–18–3 《蟲》系列，耳钉。材料：陶瓷、金水、金属。工艺：高温烧制、釉上描金、低温烤花。作者：胡慧

图 6–18–2 《蟲》系列，胸针。材料：陶瓷、金水、金属。工艺：高温烧制、釉上描金、低温烤花。作者：胡慧

《蟲》系列作品，在讲述一个黑色的童话。夜幕降临时，虫子们会褪去自己彩色的外壳将自己不为人知的一面暴露在夜色中。

作品《蠢》《蟲》，是作者胡慧的本科毕业创作。作品以昆虫元素为出发点，结合陶瓷、金属、环氧树脂等材料，以醴陵釉下彩瓷技艺为主，实现了陶瓷首饰的创作。

作者对昆虫的感情是始于恐惧的，后逐渐转化为迷恋。作者有时候在思考，为什么昆虫那么渺小却能让人对它们产生恐惧。虽然它们与人类生活在同一个世界中，但我们对它们却充满未知，这便是我们对昆虫产生恐惧的来源。从昆虫身上，作者能看到许多与人相同的特点。它们用坚实的外壳阻挡攻击，用艳丽的色彩迷惑敌人，奇异的图案似乎在模仿着某种生物。对作者来说，它们是曼妙的精灵，生存在一个我们未知的世界里。它们能够进入我们的世界，但我们却很难窥探它们的秘密。作者希望通过自己的作品以个人的视角表现对这个神秘世界的一些思考和想象。

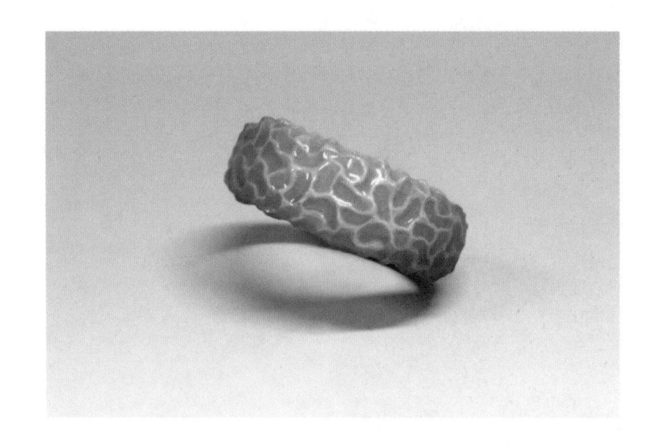

图 6-19-1 《禅意》系列之二，陶瓷手镯。材料：陶瓷。工艺：雕刻、高温烧制。作者：刘丽晶

《禅意》系列之二是作者借“极乐世界”中抽象的“莲花池中水纹”、佛祖的“螺髻”等吉祥之物，营造那片净土的安乐幸福之美。那是一个没有纷扰、没有烦恼的别样国度。材质选用“汝瓷”，工艺上采用“浮雕雕刻”的手法制作。祈愿有缘人手持瓷镯，感受汝瓷纯净与质朴的本质，感受“禅”与“净”的共鸣。

图 6-19-2 《忆江南》，陶瓷胸针。材料：陶瓷、银。工艺：釉下五彩、高温烧制、包银。作者：刘丽晶

《忆江南》，将釉下五彩瓷与银相结合，采用瓷片彩绘与“镂空包银”结合的工艺方法。饰品意在表现江南印象，给人以世外桃源的醉美意境。

图 6-19-3 《舞》，陶瓷吊坠。材料：瓷泥、银。工艺：捏塑成型、高温烧制。作者：刘丽晶

作品《舞》，借鉴摩尔艺术的表现形式，以远古时期岩画上的舞女形态为灵感来源，以曲线元素为主。材质选用“汝瓷”与银扣，造型采用捏塑的工艺成型。作品借助汝瓷质朴的泥料与温润的釉质，自然流露出作品所表达的内涵，那就是来自远古空灵与本源的召唤。

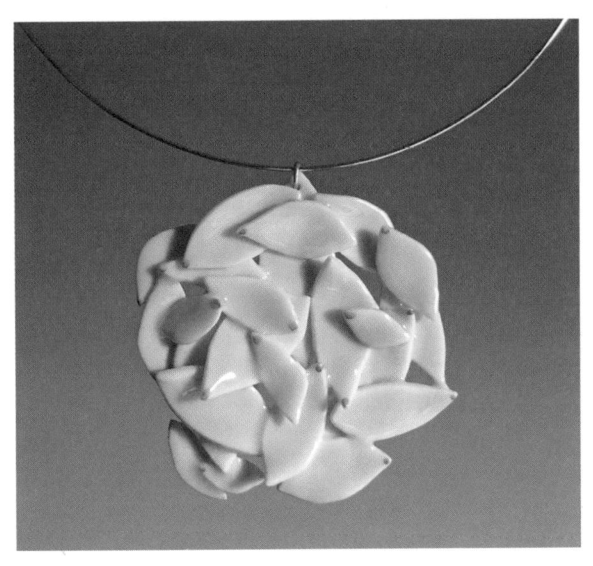

图 6-20-1 《倾青》系列，吊坠。材料：瓷泥、釉下色料、金属配件。工艺：捏塑、堆塑成型、高温烧制。作者：孙小丽

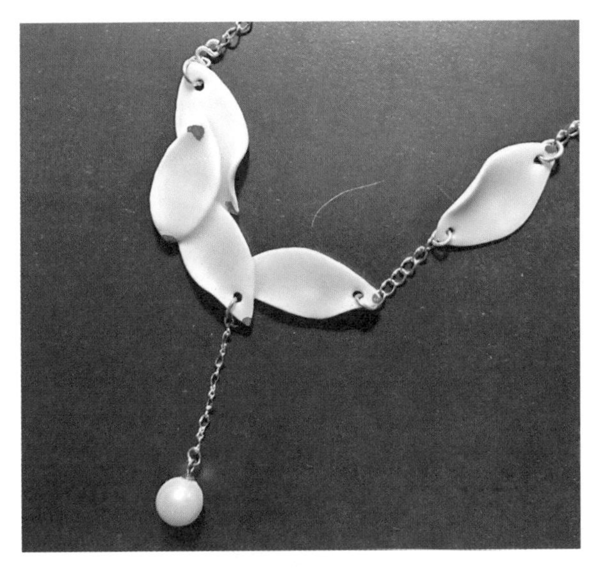

图 6-20-3 《倾青》系列，项链。材料：瓷泥、釉下色料、金属链条、珠子。工艺：捏塑、堆塑成型、高温烧制。作者：孙小丽

图 6-20-2 《倾青》系列，项链。材料：瓷泥、釉下色料、金属链条。工艺：捏塑、堆塑成型、高温烧制。作者：孙小丽

《倾青》系列陶瓷首饰中，作者以瓷泥为材料，捏塑出多个叶形单体，再将它们堆叠在一起，呈现出具有层次感的造型。堆塑而出的层次与简洁的外形形成对比，增强了陶瓷首饰的装饰效果。点缀在影青釉色上的红点使抽象的造型有了鸟的意象，给作品以耐人寻味的意境之感。

图 6-20-4 《雨境》，陶瓷项链。材料：瓷泥、金属配件。工艺：泥片切割、堆塑成型、高温烧制。作者：孙小丽

在作品《雨境》中，作者依然采用多个单体形象堆叠出具有层次和空间变化的造型，以组合的方式形成具有装饰效果的陶瓷项链。作品中呈几何形的单体，是以切割的方式成型的，青花深浅变化的蓝色点缀其中，融为一体，充分体现出作者是在陶瓷材料和工艺的基础上，追求表现语言的丰富性，展现材料的特点及首饰的视觉美感。

图 6-21-1 《青蓉》系列，陶瓷项链。材料：瓷泥、银、金属配件。工艺：捏塑成型、高温烧制。作者：郑研

图 6-21-2 陶瓷项链。材料：瓷泥、银、丝线、丝带、金属配件。工艺：捏塑成型、高温烧制。作者：郑研。注：作品摄于 2019 年第十三届全国美展陶艺展

从作品中的陶瓷部分，我们可以看到作者充分利用了瓷泥的塑性，捏塑出富于变化的造型，形态看似抽象，但又有具体形象的痕迹。作者善于利用其他材料与陶瓷部分结合，在作品的造型中其他材料成为不可或缺的元素，而且为作品营造出一定的空间感，使陶瓷部分的材料特点更加突出，银色钢丝、银色丝带与白色的陶瓷形成和谐统一的整体。

图 6-22-1 陶瓷吊坠。材料：瓷泥、粉彩色料、木托、编织绳、金属配件。工艺：氧化锆瓷片切割、透明釉、高温氧化焰烧制、粉彩彩绘、低温烤花。年代：2020 年。作者：陶典陶瓷首饰工作室；徐小明绘

图 6-22-3 陶瓷吊坠。材料：瓷泥、古彩色料、木托、编织绳、金属配件。工艺：氧化锆瓷片切割、透明釉、高温氧化焰烧制、古彩彩绘、低温烤花。年代：2020 年。作者：陶典陶瓷首饰工作室刘晓雷；余建江绘

图 6-22-2 陶瓷吊坠。材料：瓷泥、粉彩色料、木托、编织绳、金属配件。工艺：氧化锆瓷片切割、透明釉、高温氧化焰烧制、粉彩彩绘、低温烤花。年代：2020 年。作者：陶典陶瓷首饰工作室刘晓雷；余建江绘

图 6-22-4 陶瓷吊坠。材料：瓷泥、粉彩色料、木托、编织绳、金属配件。工艺：氧化锆瓷片切割、透明釉、高温氧化焰烧制、粉彩彩绘、低温烤花。年代：2020 年。作者：陶典陶瓷首饰工作室刘晓雷；赵世文绘

图 6-23-1 陶瓷吊坠。材料：瓷泥、无光白釉、银。工艺：捏塑、镂空装饰、高温烧制。年代：2016 年。作者：邹晓雯

图 6-23-2 陶瓷吊坠。材料：陶泥、化妆土、银质配件。工艺：捏塑、剔花装饰、高温还原焰烧制。年代：2015 年。作者：邹晓雯

图 6-23-3 陶瓷吊坠。材料：紫砂泥、编织绳，工艺：捏塑、堆贴装饰、1160℃氧化焰烧制。年代：1995 年。作者：邹晓雯

图 6-23-4 陶瓷吊坠。材料：紫砂泥、编织绳。工艺：捏塑、肌理装饰、剔花装饰、1160℃氧化焰烧制。年代：1994 年。作者：邹晓雯

图 6-23-5 陶瓷吊坠。材料：紫砂泥、编织绳。工艺：捏塑、镂空、剔花、1160℃氧化焰烧制。年代：2003 年。作者：邹晓雯

图 6-23-6 陶瓷吊坠 1。材料：紫砂泥、编织绳。工艺：滚压成型、镂空装饰、1160℃氧化焰烧制。年代：1993 年。作者：邹晓雯

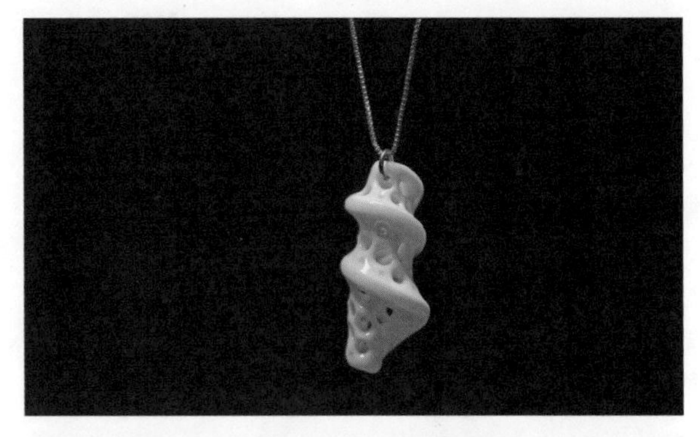

图 6-23-7 陶瓷吊坠 2。材料：瓷泥、含矿渣粉的绿釉、银。工艺：捏塑、镂空装饰、高温烧制。年代：2018 年。作者：邹晓雯

图 6-23-8 陶瓷胸针。材料：瓷泥、影青釉、金属配件。工艺：堆塑、高温还原焰烧制。年代：2016 年。作者：邹晓雯

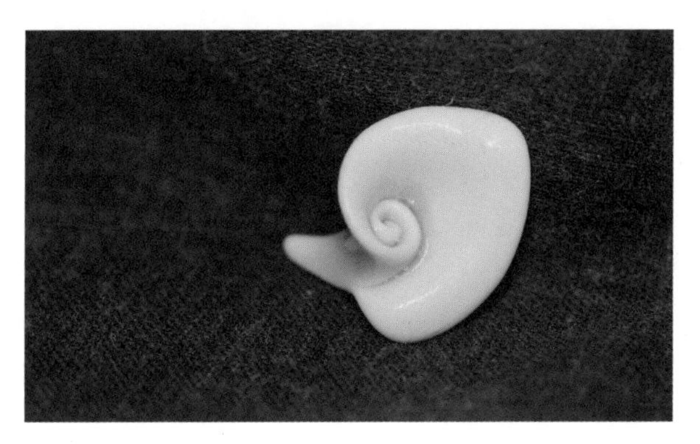

图 6-23-9　陶瓷胸针。材料：瓷泥、含矿渣粉的绿釉、金属配件。工艺：捏塑、高温氧化焰烧制。年代：2017 年。作者：邹晓雯

图 6-23-10　紫砂吊坠。材料：紫砂泥、编织绳。工艺：捏塑、刨刮、1160℃氧化焰烧制。年代：2003 年。作者：邹晓雯

第七章
学生作品

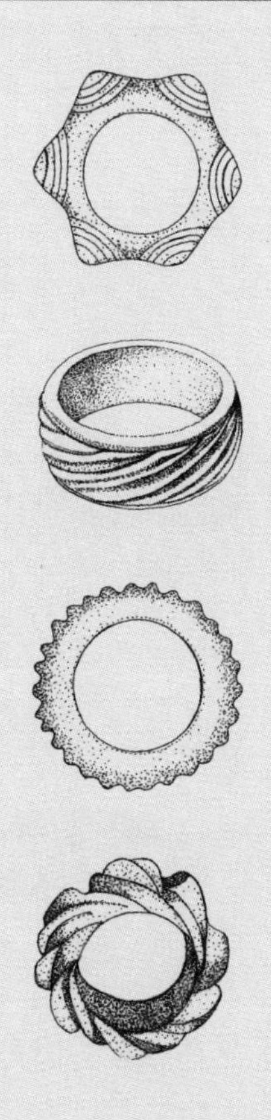

图 7-1-1　陶瓷吊坠。材料：瓷泥、青釉、编织绳。工艺：捏塑、镂刻装饰、高温烧制。作者：翟晴晴

图 7-1-2　陶瓷吊坠。材料：瓷泥、影青釉、编织绳。工艺：捏塑、雕刻装饰、高温烧制。作者：翟晴晴

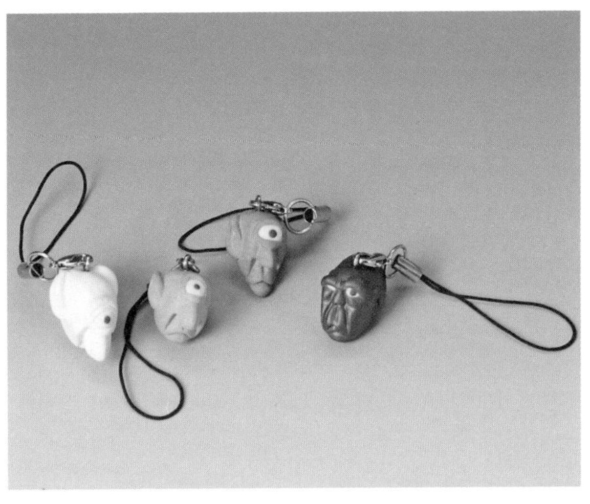

图 7-2-1　陶瓷配饰。材料：色泥、陶泥、编织绳、金属配件。工艺：捏塑、高温烧制。作者：不详

图 7-2-2　陶瓷首饰。材料：陶泥、编织绳。工艺：捏塑、高温烧制。作者：不详

图 7-3　陶瓷吊坠。材料：瓷泥、影青釉、编织绳。工艺：捏塑、雕刻装饰、高温烧制。作者：不详

图 7-4　手机配饰。材料：陶泥、无光黑釉、麻绳、木珠。工艺：捏塑、高温烧制。作者：俞成欧

图 7-8　陶瓷吊坠。材料：瓷泥、釉下色料、透明釉、金属配件。工艺：捏塑、釉下五彩、高温烧制。作者：不详

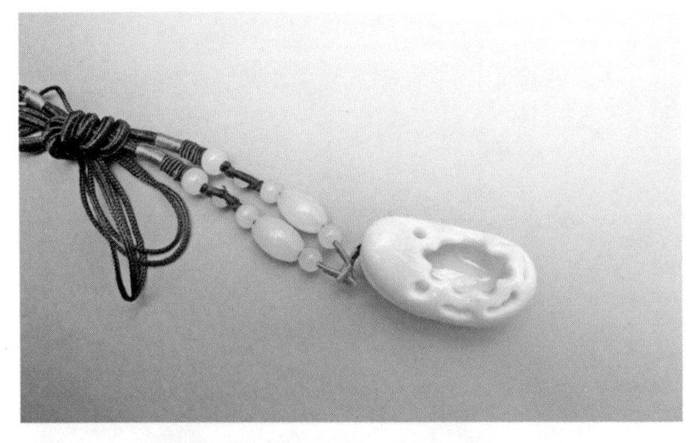

图 7-5　陶瓷吊坠。材料：瓷泥、影青釉、编织绳、玉珠。工艺：捏塑、镂刻装饰、高温烧制。作者：不详

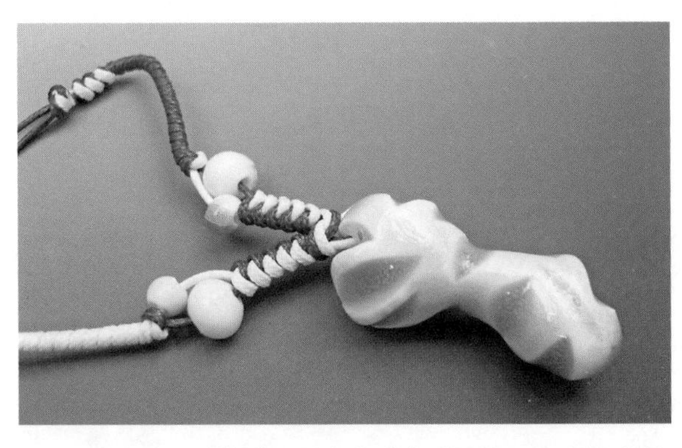

图 7-9　陶瓷吊坠。材料：瓷泥、影青釉、瓷珠、编织绳。工艺：捏塑、切削、高温烧制。作者：不详

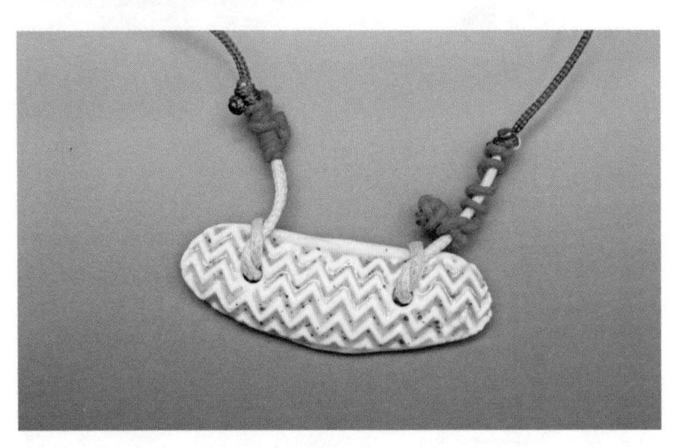

图 7-6　陶瓷吊坠。材料：陶泥、青釉、编织绳。工艺：捏塑、压印肌理、高温烧制。作者：不详

图 7-10　陶瓷手链。材料：瓷泥、青釉、编织绳。工艺：捏塑、高温烧制。作者：不详

图 7-7　陶瓷项链。材料：瓷泥、青花料、透明釉、编织绳。工艺：捏塑、青花彩绘、高温烧制。作者：李平

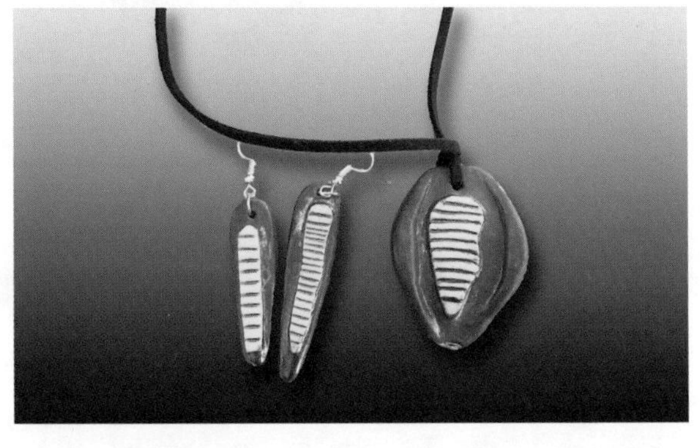

图 7-11　陶瓷首饰。材料：陶泥、瓷泥、色料、透明釉、编织绳、金属配件。工艺：捏塑、刻划装饰、高温烧制。作者：不详

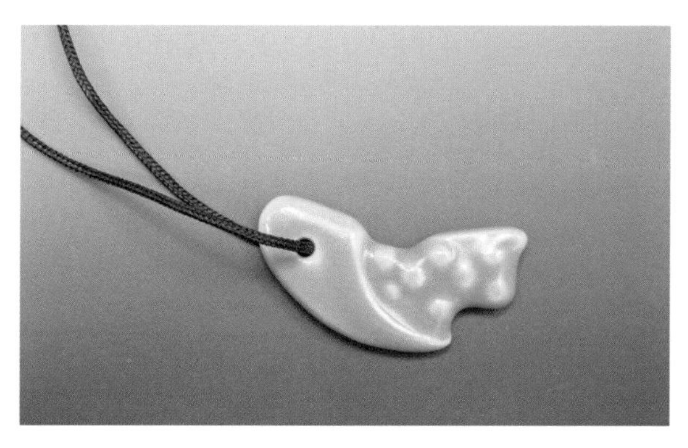

图 7-12 陶瓷吊坠。材料：瓷泥、青釉、编织绳。工艺：捏塑、高温烧制。作者：不详

图 7-13 陶瓷耳坠。材料：瓷泥、透明色釉、金属配件。工艺：捏塑、高温烧制。作者：不详

图 7-14 陶瓷吊坠。材料：瓷泥、影青釉、编织绳、玉珠。工艺：捏塑、镂刻、高温烧制。作者：不详

图 7-15 陶瓷项链。材料：瓷泥、青釉、金属配件。工艺：捏塑、高温烧制。作者：胡丹阳

图 7-16 陶瓷吊坠。材料：瓷泥、影青釉、编织绳。工艺：捏塑、高温烧制。作者：不详

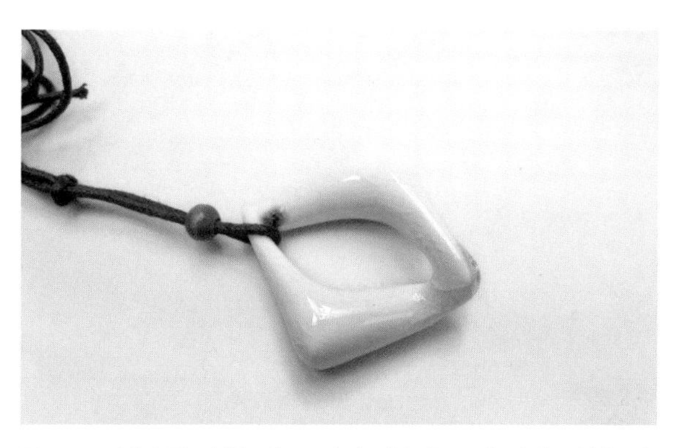

图 7-17 陶瓷吊坠。材料：瓷泥、青釉、编织绳。工艺：捏塑、镂空、高温烧制。作者：不详

图 7-18 陶瓷吊坠。材料：瓷泥、青釉、编织绳。工艺：捏塑、堆贴装饰、高温烧制。作者：不详

图 7-19 陶瓷吊坠。材料：瓷泥、影青釉、编织绳。工艺：捏塑、高温烧制。作者：何非常

图 7-20　陶瓷吊坠。材料：瓷泥、陶泥、金属配件。工艺：捏塑、切割、粘接、高温烧制。作者：朱如依

图 7-21-1　陶瓷吊坠。材料：瓷泥、影青釉、编织绳。工艺：捏塑、镂刻、高温烧制。作者：朱柳燕

图 7-21-2　陶瓷吊坠。材料：瓷泥、影青釉、编织绳。工艺：捏塑、镂刻、高温烧制。作者：朱柳燕

图 7-22　陶瓷首饰。材料：陶泥、色釉、编织绳、瓷珠、木珠。工艺：捏塑、镂刻、高温烧制。作者：章紫颖

图 7-23-1　陶瓷耳坠。材料：瓷泥、金属配件。工艺：捏塑、堆贴、高温烧制。作者：张晔

图 7-23-2　陶瓷吊坠。材料：瓷泥、金属配件。工艺：捏塑、堆贴、高温烧制。作者：张晔

图 7-24-1　陶瓷配饰。材料：陶泥、瓷泥、编织绳。工艺：捏塑、高温烧制。作者：周珂

图 7-24-2 陶瓷配饰。材料：陶泥、瓷泥、编织绳。工艺：捏塑、高温烧制。作者：周珂

图 7-27 陶瓷首饰。材料：陶泥、色料、编织绳。工艺：捏塑、镂刻、高温烧制。作者：洪燕

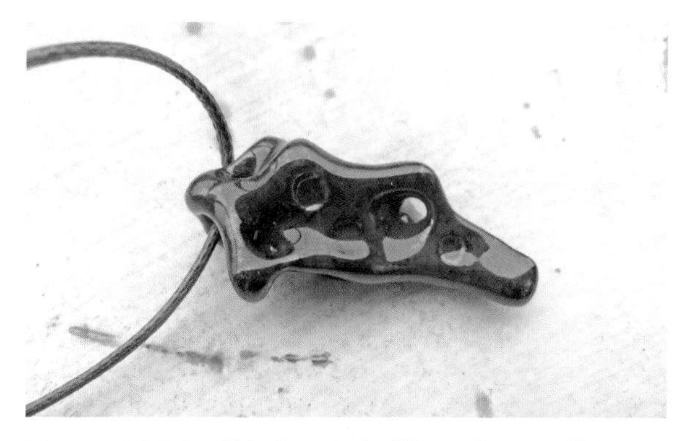

图 7-25 陶瓷吊坠。材料：陶泥、黑釉、蜡绳。工艺：捏塑、镂空、高温烧制。作者：张玥

图 7-28 陶瓷吊坠。材料：陶泥、瓷泥、编织绳、瓷珠。工艺：捏塑、镂刻、高温烧制。作者：胡林智

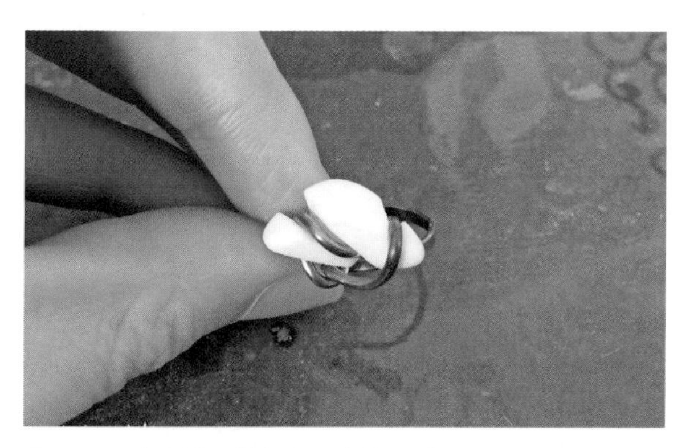

图 7-26-1 陶瓷戒指。材料：瓷泥、铜线。工艺：捏塑、高温烧制。作者：马见青

图 7-29-1 陶瓷首饰。材料：瓷泥、影青釉、编织绳、金属配件。工艺：捏塑、高温烧制。作者：沈莹莹

图 7-26-2 陶瓷吊坠。材料：瓷泥、铜线。工艺：捏塑、高温烧制。作者：马见青

图 7-29-2 陶瓷吊坠。材料：瓷泥、陶泥、透明釉、影青釉、编织绳。工艺：捏塑、高温烧制。作者：沈莹莹

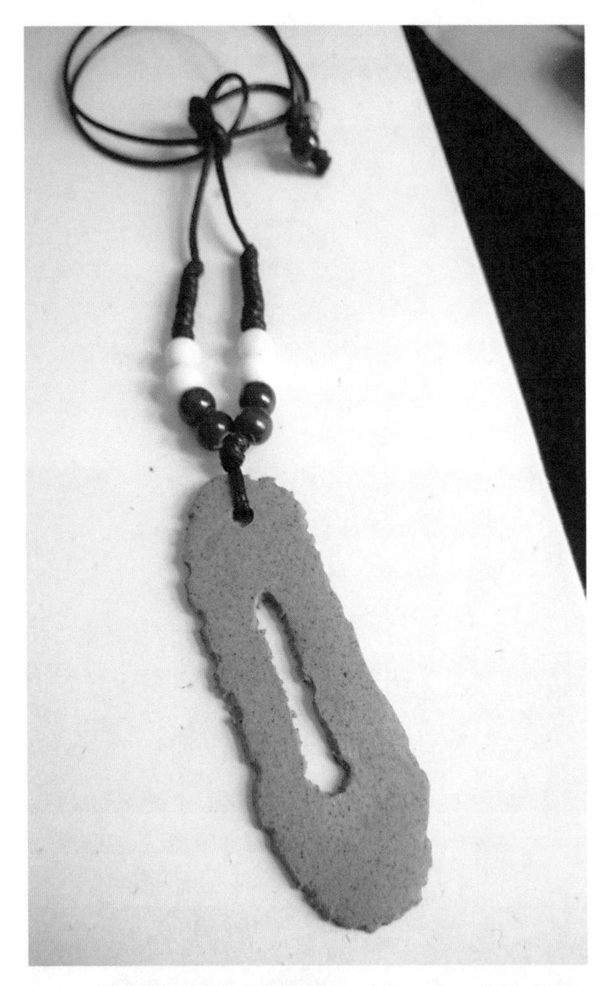

图 7–30　陶瓷吊坠。材料：陶泥、编织绳、木珠。工艺：泥条摁压成型、高温烧制。作者：李为

图 7–31　陶瓷吊坠。材料：瓷泥、陶泥、编织绳。工艺：泥片成型、刻线装饰、高温烧制。作者：程鹏

图 7–32　陶瓷首饰。材料：瓷泥、色料、透明釉、金属配件。工艺：捏塑、堆贴、高温烧制。作者：胡晓芳

图 7–33　陶瓷首饰。材料：陶泥、青釉、金属配件、编织绳。工艺：泥条成型、高温烧制。作者：贾旻烨

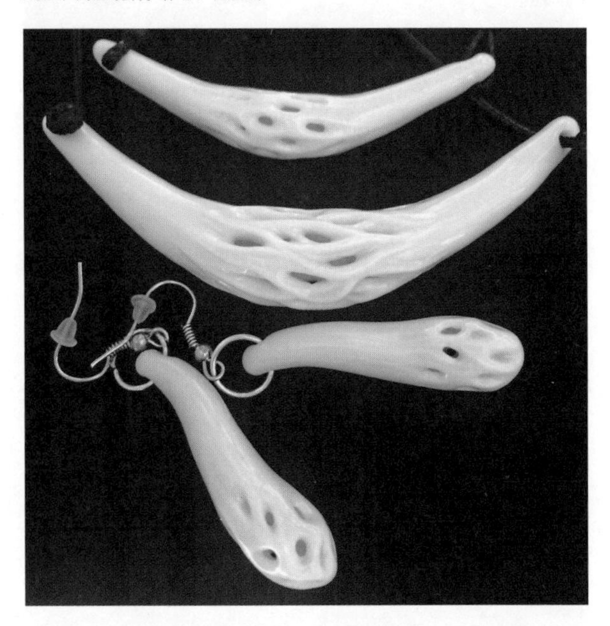

图 7–34–1　陶瓷首饰。材料：瓷泥、透明釉、金属配件。工艺：捏塑、镂空、刻划、高温烧制。作者：王茜

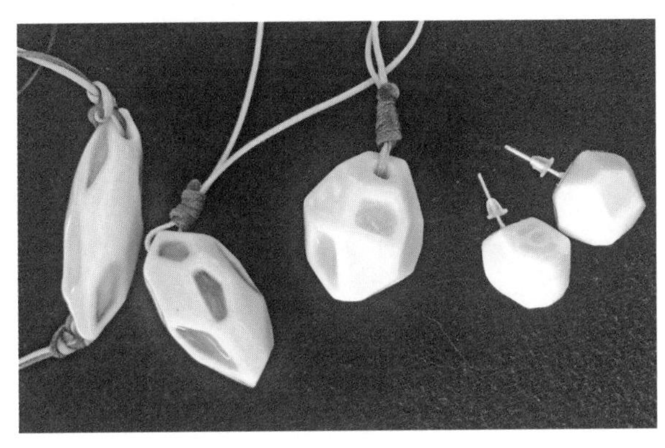

图 7-34-2 陶瓷首饰。材料：瓷泥、色料、透明釉、金属配件。工艺：捏塑、切割、镂刻、高温烧制。作者：王茜

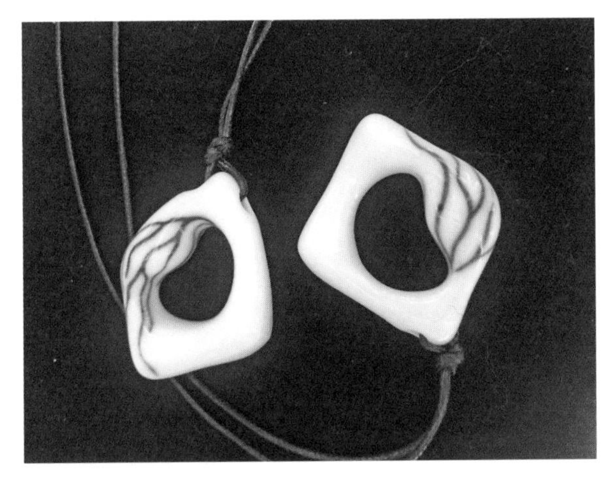

图 7-34-3 陶瓷吊坠。材料：瓷泥、透明釉、陶泥、编织绳。工艺：捏塑成型、镂空、刻线、高温烧制。作者：王茜

图 7-35 陶瓷首饰。材料：瓷泥、陶泥、透明釉、金属配件。工艺：泥条成型、高温烧制。作者：魏佳

图 7-36 陶瓷首饰。材料：瓷泥、透明釉、金属配件。工艺：泥塑粘接成型、高温烧制。作者：夏怡

图 7-37-1 陶瓷吊坠。材料：瓷泥、金属配件。工艺：泥条塑型、雕刻修整、高温烧制。作者：史林玉

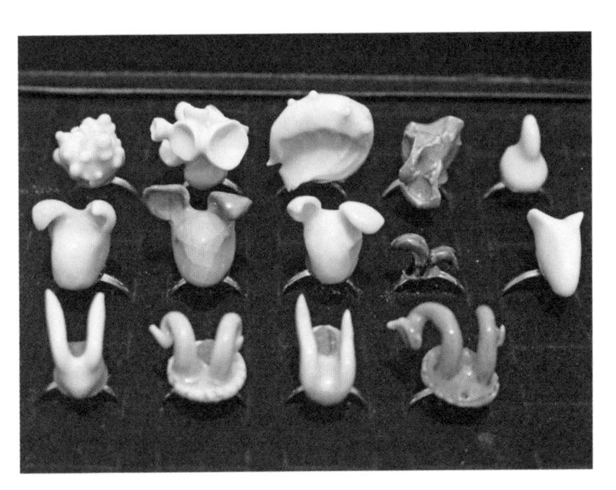

图 7-37-2 陶瓷戒指。材料：瓷泥、陶泥、色釉、金属配件。工艺：捏塑成型、高温烧制。作者：史林玉

图 7-37-3　陶瓷吊坠。材料：瓷泥、色釉、金属配件。工艺：捏塑成型、堆贴装饰、高温烧制。作者：史林玉

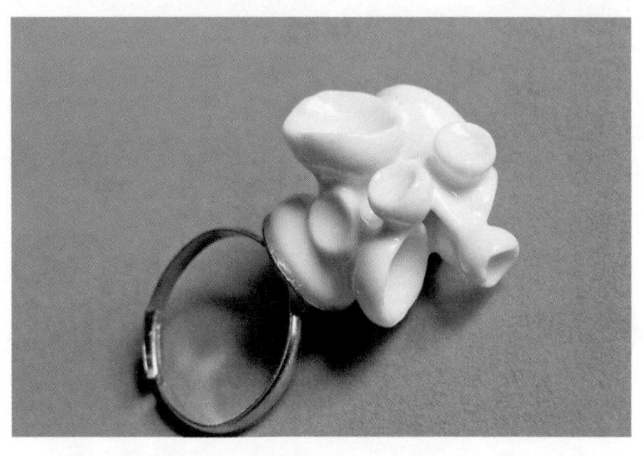

图 7-37-4　陶瓷戒指。材料：瓷泥、透明釉、金属配件。工艺：捏塑成型、堆贴装饰、高温烧制。作者：史林玉

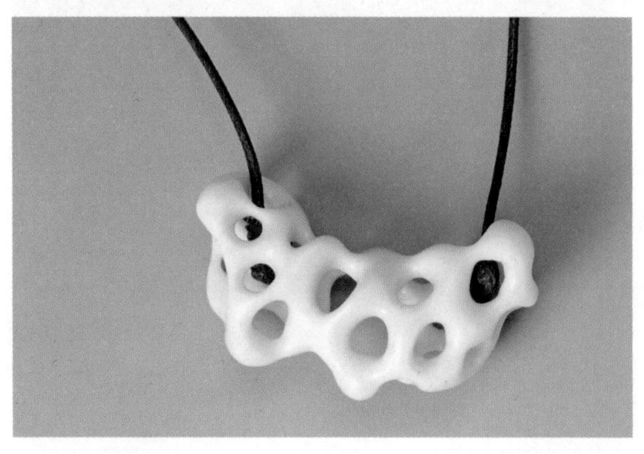

图 7-38-1　陶瓷吊坠。材料：瓷泥、透明釉、编织绳。工艺：捏塑成型、镂空装饰、高温烧制。作者：石武妹

图 7-38-2　陶瓷吊坠。材料：瓷泥、透明釉、金属配件。工艺：捏塑成型、镂空装饰、高温烧制。作者：石武妹

图 7-38-3　陶瓷吊坠。材料：瓷泥、透明釉、金属配件。工艺：捏塑成型、镂空装饰、高温烧制。作者：石武妹

图 7-39　陶瓷胸针。材料：瓷泥、青釉、金属配件。工艺：捏塑成型、堆贴装饰、高温烧制。作者：周盼盼

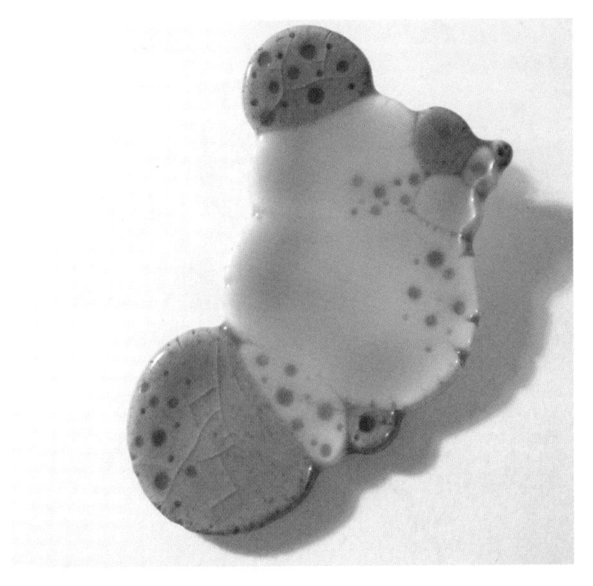

图 7-40 陶瓷胸针。材料：瓷泥、陶泥、青釉、金属配件。工艺：摁压成型、压印肌理、高温烧制。作者：邓惠民

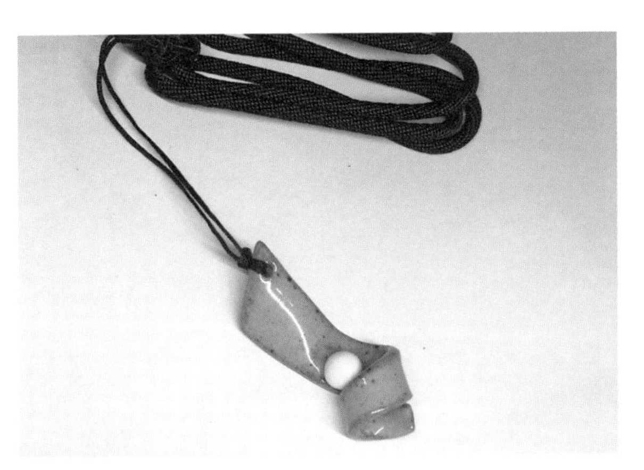

图 7-41 陶瓷吊坠。材料：陶泥、透明釉、编织绳。工艺：捏塑成型、镂空装饰、高温烧制。作者：罗梦琪

图 7-42 陶瓷吊坠。材料：瓷泥、色釉、编织绳。工艺：捏塑成型、高温烧制。作者：贾旻烨

图 7-43-1 陶瓷吊坠。材料：瓷泥、陶泥、金属配件。工艺：捏塑成型、堆贴装饰、高温烧制。作者：梁馨文

图 7-43-2 陶瓷吊坠。材料：瓷泥、陶泥、金属配件。工艺：捏塑成型、堆贴装饰、高温烧制。作者：梁馨文

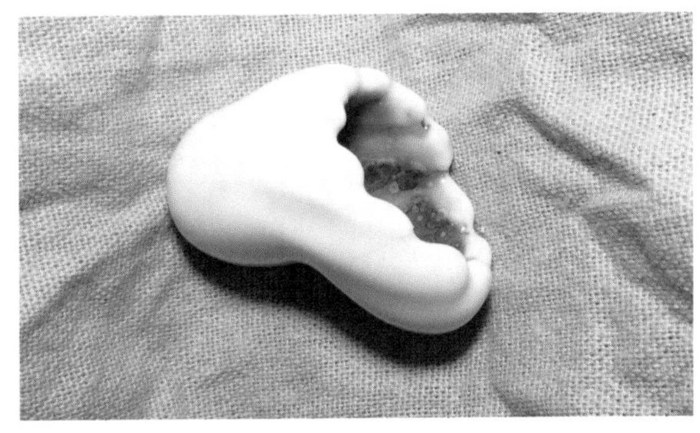

图 7-44 陶瓷胸针。材料：瓷泥、色釉、透明釉、金属配件。工艺：捏塑成型、雕刻装饰、高温烧制。作者：贾琼

图 7–45　陶瓷吊坠。材料：瓷泥、色釉、编织绳、木珠、玉珠。工艺：捏塑成型、高温烧制。作者：司佳荟

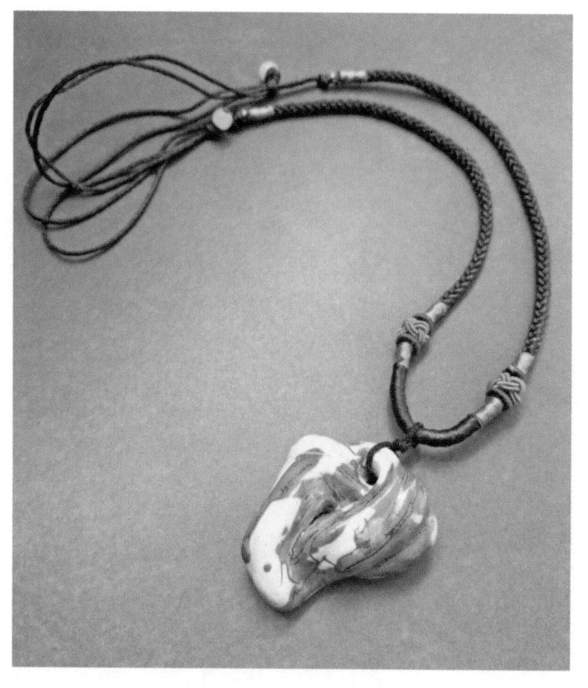

图 7–46　陶瓷吊坠。材料：陶泥、色釉、编织绳。工艺：捏塑成型、高温烧制。作者：刘彦君

图 7–47　陶瓷胸针。材料：瓷泥、影青釉、金属配件。工艺：捏塑成型、堆贴装饰、高温烧制。作者：不详

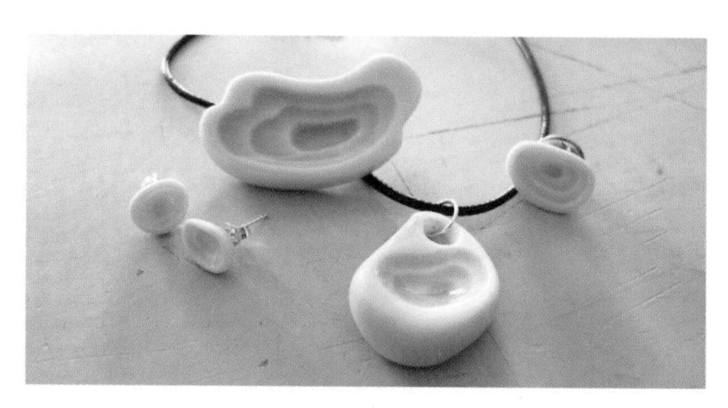

图 7–48　陶瓷首饰。材料：瓷泥、影青釉、金属配件、蜡绳。工艺：捏塑成型、雕刻装饰、高温烧制。作者：不详

图 7–49　陶瓷首饰。材料：瓷泥、陶泥、色釉、编织绳。工艺：捏塑成型、压印肌理、高温烧制。作者：王庆丽

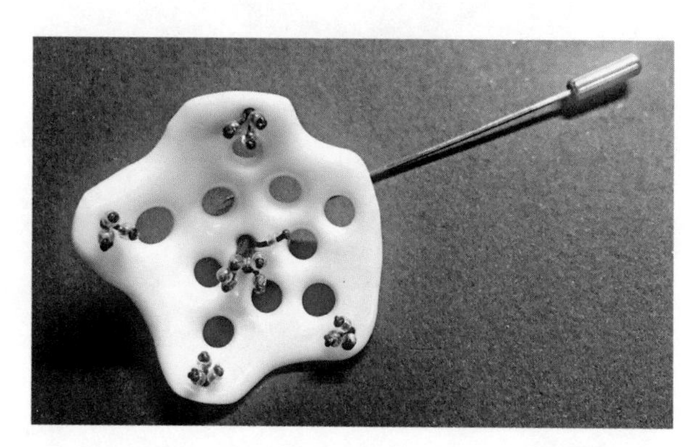

图 7–50　陶瓷胸针。材料：瓷泥、透明釉、金属配件。工艺：捏塑成型、镂空装饰、高温烧制。作者：刘东南

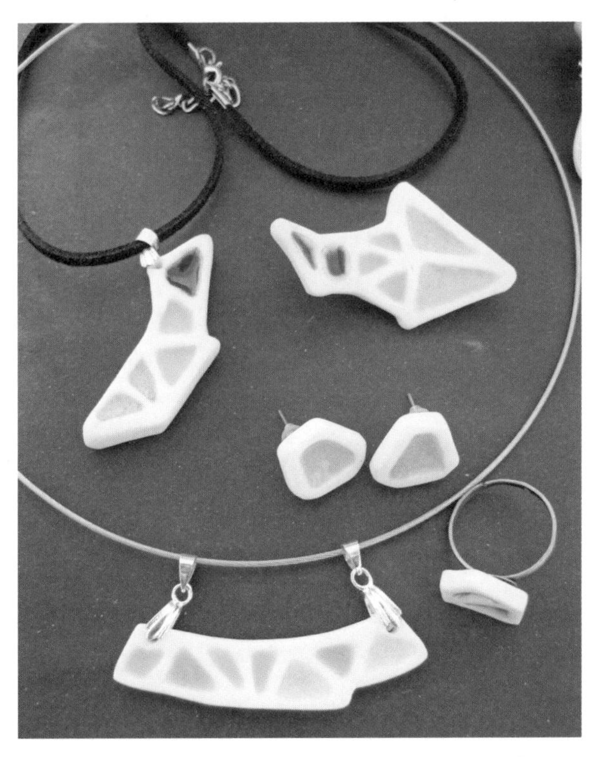

图 7-51 陶瓷首饰。材料：瓷泥、色釉、金属配件、编织绳。工艺：泥片切割成型、雕刻装饰、高温烧制。作者：张茹倩

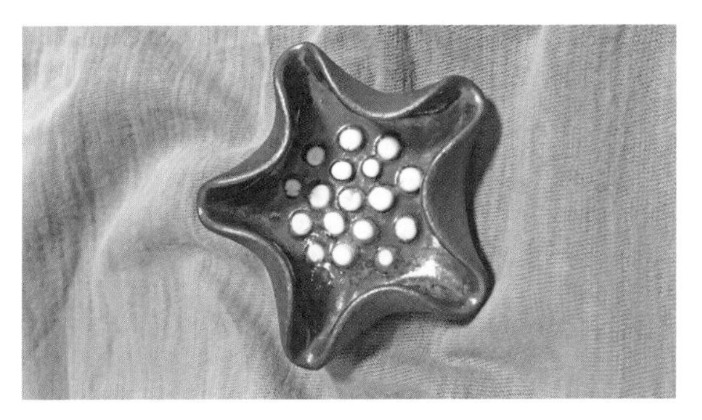

图 7-52-1 陶瓷胸针。材料：陶瓷泥、透明釉、金属配件。工艺：捏塑成型、堆贴装饰、高温烧制。作者：孙月琴

图 7-52-2 陶瓷吊坠。材料：瓷泥、透明釉、编织绳。工艺：捏塑成型、镂空装饰、高温烧制。作者：孙月琴

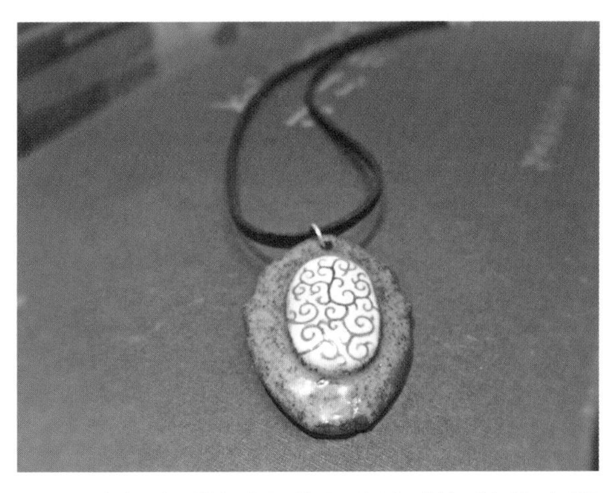

图 7-53 陶瓷吊坠。材料：陶泥、瓷泥、透明釉、色料、编织绳、金属配件。工艺：捏塑成型、刻填装饰、高温烧制。作者：秦杰

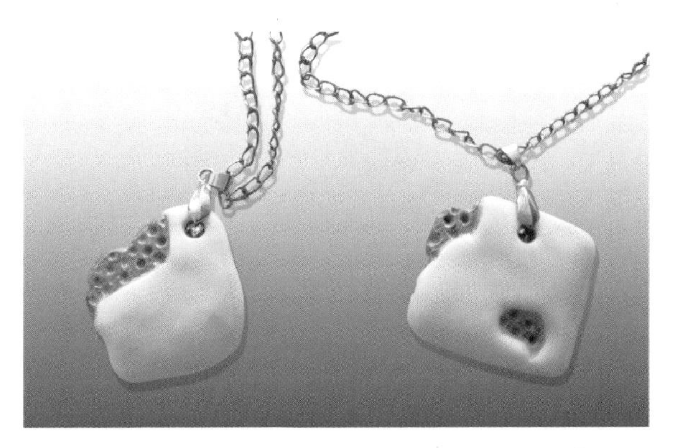

图 7-54 陶瓷吊坠。材料：瓷泥、陶泥、透明釉、金属配件。工艺：捏塑成型、雕刻、压印肌理、高温烧制。作者：不详

图 7-55-1 陶瓷耳坠。材料：瓷泥、透明釉、金属配件、编织绳。工艺：捏塑成型、镂空装饰、高温烧制。作者：霍彦玮

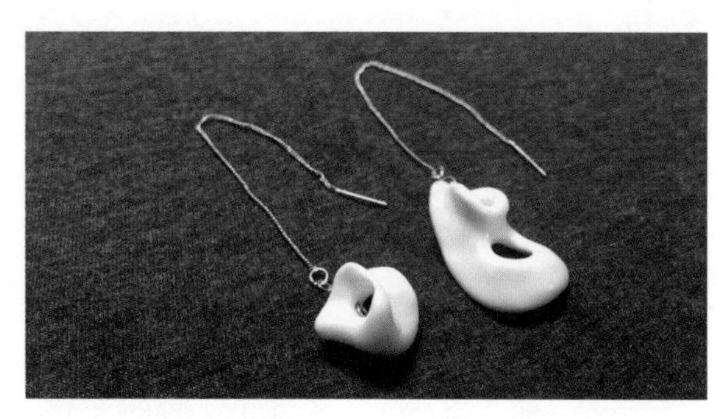

图 7-55-2　陶瓷耳坠。材料：瓷泥、透明釉、金属配件。工艺：捏塑成型、镂空装饰、高温烧制。作者：霍彦玮

图 7-56-1　陶瓷耳坠。材料：陶泥、色釉、金属配件。工艺：泥片成型、压印肌理、高温烧制。作者：司佳荟

图 7-56-2　陶瓷耳坠。材料：瓷泥、陶泥、透明釉、金属配件。工艺：捏塑成型、刻剔装饰、高温烧制。作者：司佳荟

图 7-56-3　陶瓷首饰。材料：瓷泥、无光黑釉、金属配件、编织绳、木珠。工艺：捏塑成型、雕刻、高温烧制。作者：司佳荟

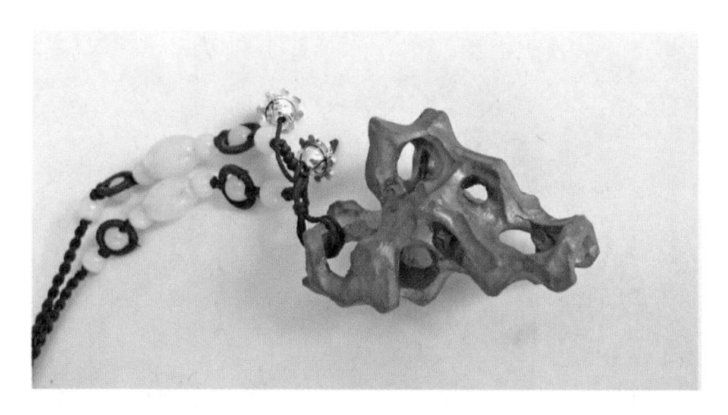

图 7-57　陶瓷吊坠。材料：陶泥、玉珠、编织绳。工艺：捏塑、镂空、高温烧制。作者：王强

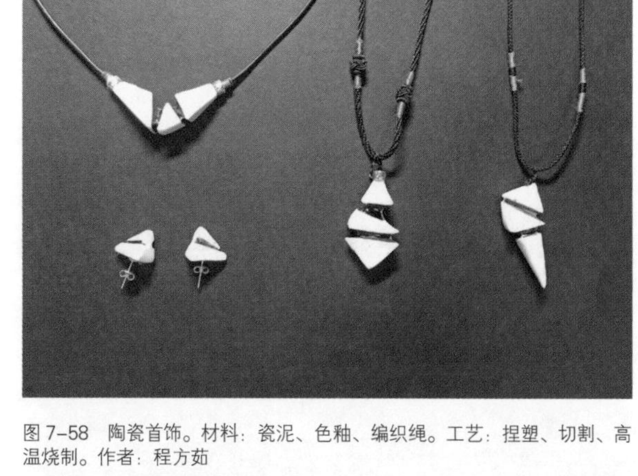

图 7-58　陶瓷首饰。材料：瓷泥、色釉、编织绳。工艺：捏塑、切割、高温烧制。作者：程方茹

图 7-59-1　陶瓷吊坠。材料：陶泥、瓷泥、透明釉、编织绳。工艺：捏塑、堆贴装饰、高温烧制。作者：陈蔚文

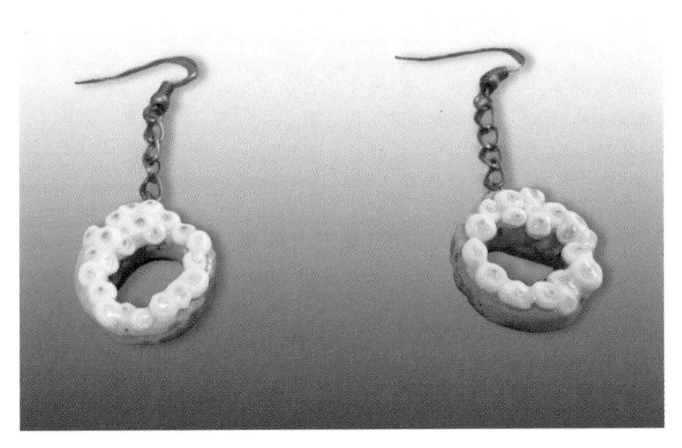

图 7-59-2　陶瓷耳坠。材料：陶泥、瓷泥、透明釉、金属配件。工艺：捏塑、堆贴装饰、高温烧制。作者：陈蔚文

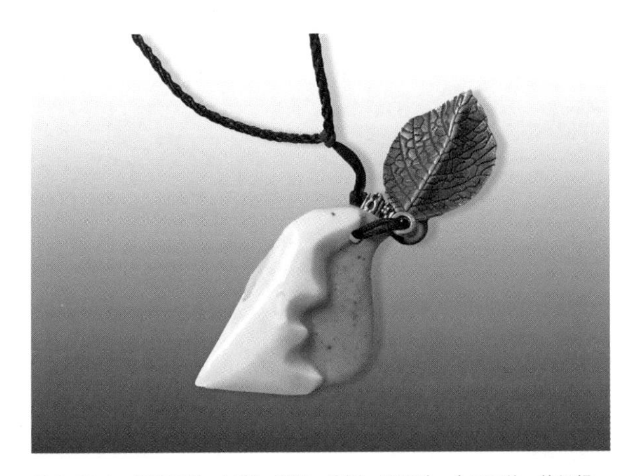

图 7-60-1　陶瓷吊坠。材料：瓷泥、陶泥、透明釉、金属配件、编织绳。工艺：捏塑、切削、雕刻、高温烧制。作者：不详

图 7-60-2　陶瓷吊坠。材料：瓷泥、陶泥、透明釉、金属配件、编织绳。工艺：捏塑、切削、雕刻、高温烧制。作者：不详

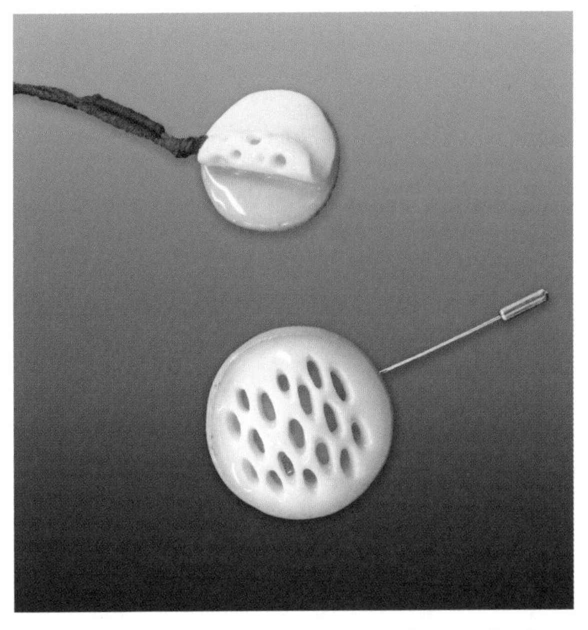

图 7-61　陶瓷首饰。材料：瓷泥、陶泥、透明釉、金属配件、编织绳。工艺：捏塑、镂空、高温烧制。作者：刘东南

图 7-62　陶瓷首饰。材料：陶泥、瓷泥、透明釉、编织绳。工艺：泥片折叠、泥点堆贴、高温烧制。作者：程宁

图 7-63　陶瓷手链。材料：瓷泥、陶泥、透明釉、编织绳。工艺：捏塑、镂刻、高温烧制。作者：任志新

图 7-64-1　陶瓷项链。材料：陶泥、青釉、编织绳。工艺：捏塑、镂空装饰、高温烧制。作者：王智元

图 7-64-2　陶瓷项链。材料：瓷泥、青花料、透明釉、编织绳。工艺：捏塑、雕刻装饰、青花彩绘、高温烧制。作者：王智元

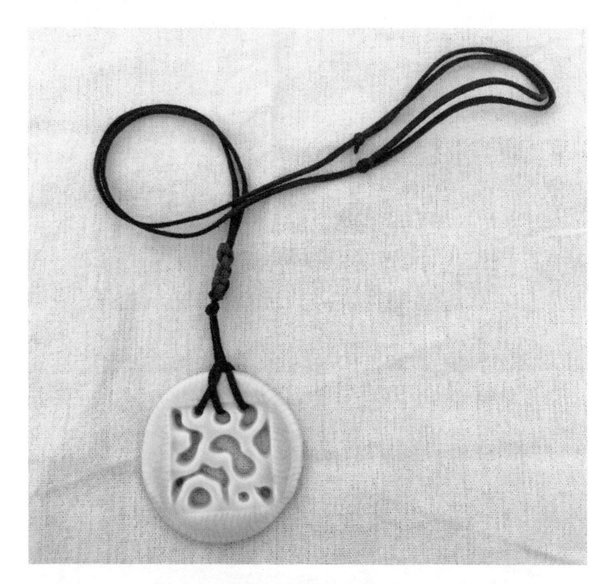

图 7-64-3　陶瓷吊坠。材料：瓷泥、青釉、编织绳。工艺：泥片成型、镂空装饰、高温烧制。作者：王智元

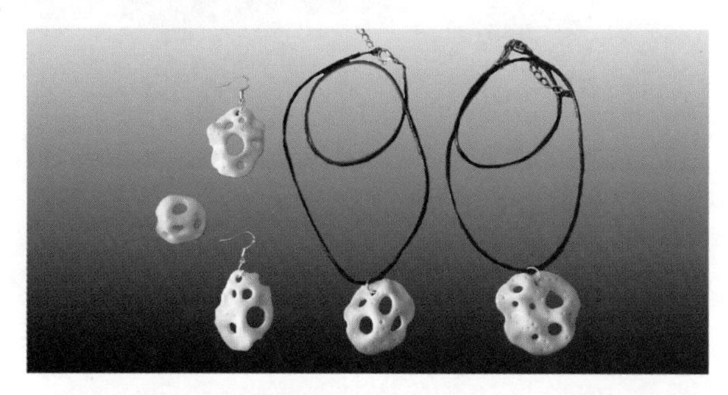

图 7-65　陶瓷首饰。材料：瓷泥、无光白釉、编织绳、金属配件。工艺：捏塑成型、镂空装饰、高温烧制。作者：不详

图 7-66-1　陶瓷首饰。材料：瓷泥、青釉、金属配件。工艺：捏塑、堆塑、高温烧制。作者：张晨

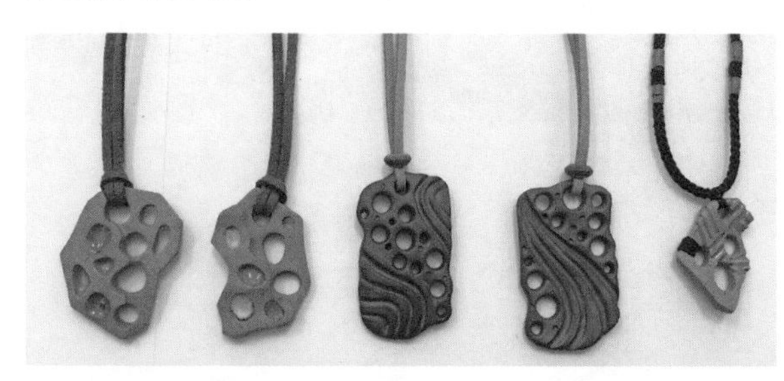

图 7-66-2　陶瓷吊坠。材料：陶泥、色釉、编织绳。工艺：泥片成型、镂空装饰、高温烧制。作者：张晨

图 7-67-1　陶瓷耳坠。材料：瓷泥、色釉、金属配件。工艺：泥条成型、雕刻装饰、高温烧制。作者：贡佳子

图 7-67-2　陶瓷吊坠。材料：瓷泥、红釉、编织绳。工艺：泥条成型、雕刻、高温烧制。作者：贡佳子

图 7-67-3 陶瓷吊坠。材料：瓷泥、色釉、瓷珠、编织绳。工艺：捏塑成型、雕刻装饰、高温烧制。作者：贡佳子

图 7-67-4 陶瓷胸针。材料：瓷泥、青釉、金属配件。工艺：捏塑粘接、高温烧制。作者：贡佳子

图 7-68-1 陶瓷耳坠。材料：瓷泥、色釉、金属配件。工艺：泥片卷曲成型、划线装饰、高温烧制。作者：刘进

图 7-68-2 陶瓷吊坠。材料：陶泥、瓷泥、色釉、编织绳。工艺：捏塑成型、高温烧制。作者：刘进

图 7-68-3 陶瓷吊坠。材料：瓷泥、陶泥、色釉、金属配件。工艺：捏塑成型、高温烧制。作者：刘进

图 7-68-4 陶瓷耳坠。材料：陶泥、瓷泥、色釉、金属配件。工艺：捏塑成型、高温烧制。作者：刘进

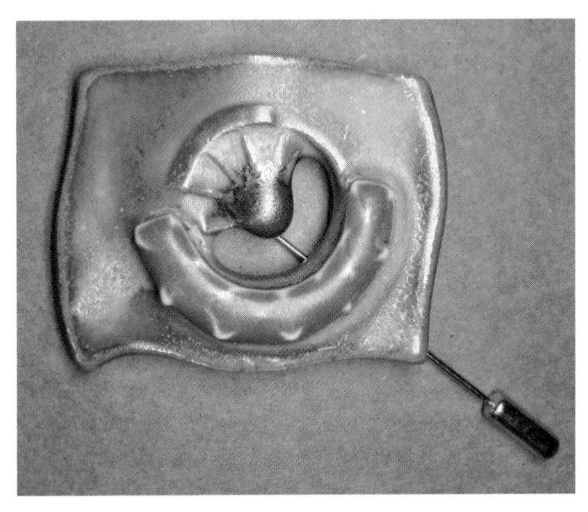

图 7-68-5 陶瓷胸针。材料：陶泥、瓷泥、色釉、金属配件。工艺：泥片成型、镂空、堆贴、雕刻、高温烧制。作者：刘进

图 7-68-6　陶瓷胸针。材料：瓷泥、色釉、金属配件。工艺：捏塑粘接成型、高温烧制。作者：刘进

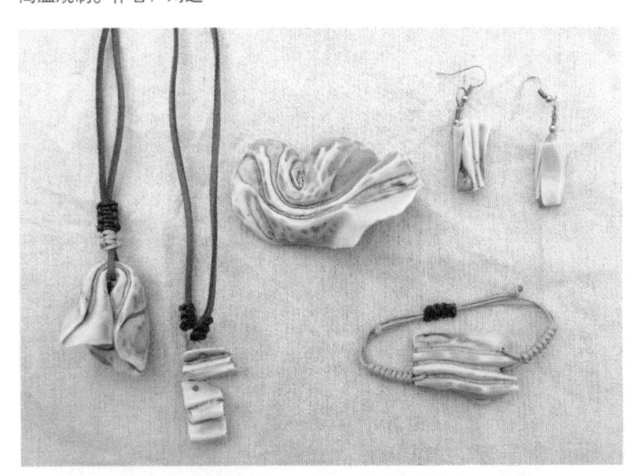

图 7-69-1　陶瓷首饰。材料：瓷泥、色釉、编织绳、金属配件。工艺：泥片卷曲和折叠成型、高温烧制。作者：钟原

图 7-69-2　陶瓷耳坠。材料：瓷泥、色釉、金属配件。工艺：泥片折叠成型、高温烧制。作者：钟原

图 7-69-3　陶瓷吊坠。材料：瓷泥、陶泥、色釉、编织绳。工艺：捏塑成型、镂空装饰、高温烧制。作者：钟原

图 7-69-4　陶瓷吊坠、胸针。材料：陶泥、青釉、编织绳。工艺：泥片成型、镂空装饰、高温烧制。作者：钟原

图 7-70　陶瓷耳坠。材料：瓷泥、影青釉、金属配件。工艺：捏塑成型、镂空装饰、高温烧制。作者：刘东南

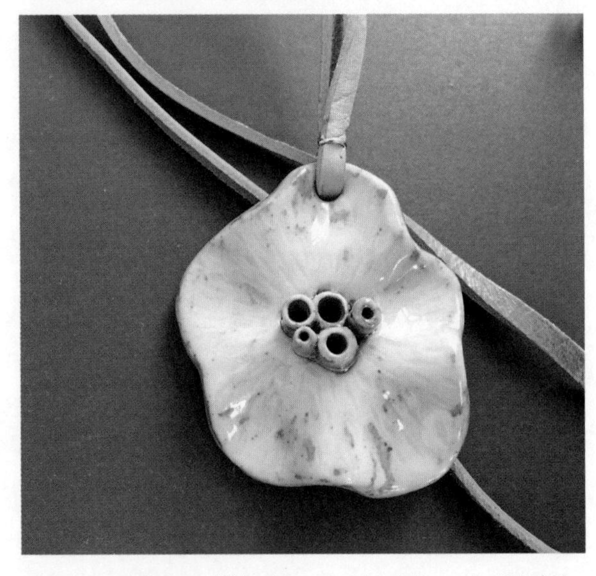

图 7-71-1　陶瓷吊坠。材料：陶泥、透明釉、皮绳。工艺：捏塑成型、堆贴装饰、高温烧制。作者：贾琼

图 7-71-2　陶瓷吊坠。材料：瓷泥、色料、透明釉、金属配件。工艺：泥条成型、堆贴装饰、高温烧制。作者：贾琼

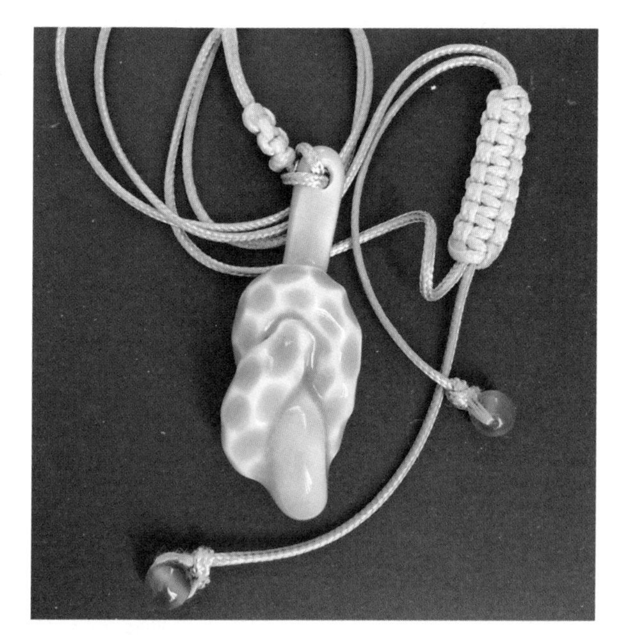

图 7-71-3　陶瓷吊坠。材料：瓷泥色釉、编织绳。工艺：泥条成型、雕刻装饰、高温烧制。作者：贾琼

图 7-71-4　陶瓷胸针。材料：陶泥、瓷泥、透明釉、金属配件。工艺：泥片成型、堆贴、镂空、刻划、高温烧制。作者：贾琼

图 7-72　陶瓷吊坠。材料：陶泥、瓷泥、色釉、木珠、编织绳。工艺：泥片切割、镂空、高温烧制。作者：不详

图 7-73　陶瓷吊坠。材料：瓷泥、色釉、编织绳。工艺：捏塑成型、肌理装饰、高温烧制。作者：周璇

图 7-74　陶瓷吊坠。材料：瓷泥、陶泥、透明釉、编织绳、玉珠。工艺：捏塑成型、刻剔装饰、高温烧制。作者：薛冠娜

图 7-75　系列陶瓷吊坠。材料：瓷泥、陶泥、青花料、透明釉、编织绳、金属配件。工艺：捏塑成型、剔花装饰、高温烧制。作者：刘钊

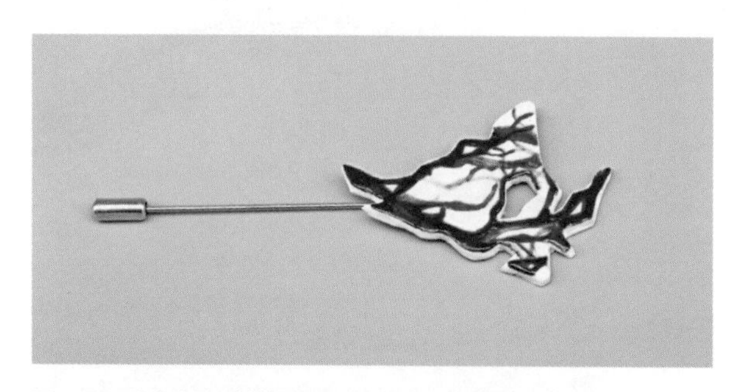

图 7-76　陶瓷胸针。材料：瓷泥、青花料、透明釉、金属配件。工艺：泥片成型、雕刻、青花装饰、高温烧制。作者：不详。指导教师：胡淑媛

图 7-77-1　胸针。材料：瓷泥、青花料、透明釉、银。工艺：泥片成型、青花彩绘、锻造、焊接、镶嵌。作者：李真。指导老师：胡淑媛

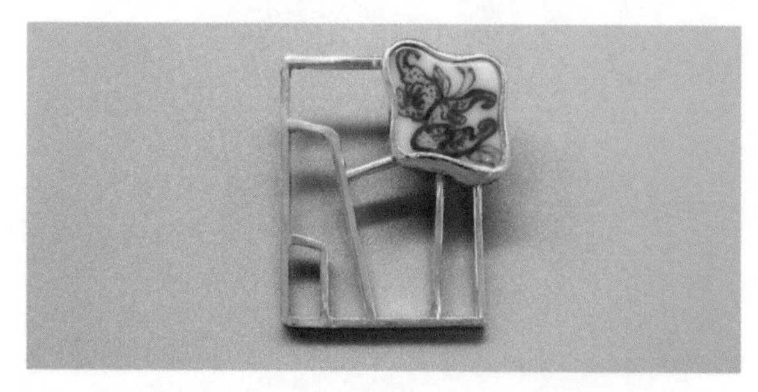

图 7-77-2　胸针。材料：瓷泥、青花料、透明釉、银。工艺：泥片成型、青花彩绘、高温烧制、锻造、焊接、镶嵌。作者：李真。指导老师：胡淑媛

图 7-78　发钗。材料：瓷泥、透明釉、银、玻璃。工艺：捏塑成型、高温烧制、锻造、切割、焊接、粘接。作者：不详。指导老师：胡淑媛

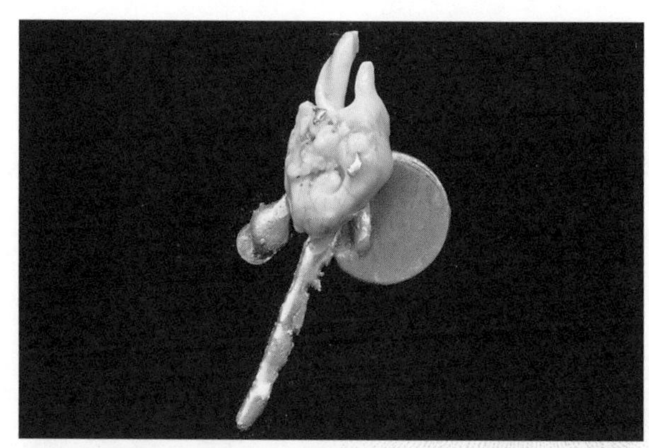

图 7-79　陶瓷胸针。材料：瓷泥、透明釉、银、铜片。工艺：捏塑成型、透明釉、高温烧制、焊接、粘接。作者：孙安宁。指导老师：胡淑媛

图 7-80-1　陶瓷吊坠。材料：瓷泥、色料、透明釉、银。工艺：捏塑成型、肌理装饰、高温烧制、镶嵌。作者：不详。指导老师：胡淑媛

图 7-80-2　陶瓷耳钉。材料：瓷泥、色料、透明釉、银。工艺：捏塑成型、肌理装饰、高温烧制、镶嵌。作者：不详。指导老师：胡淑媛

图 7-81　陶瓷耳坠。材料：瓷泥、青花料、透明釉、金属配件。工艺：泥片切削、青花彩绘、高温烧制。作者：麦齐笑。指导老师：胡淑媛

图 7-82　胸针。材料：银、瓷泥、色釉、高温烧制。工艺：锻造、镶嵌、青花彩绘、高温烧制。作者：孙安宁。指导老师：胡淑媛

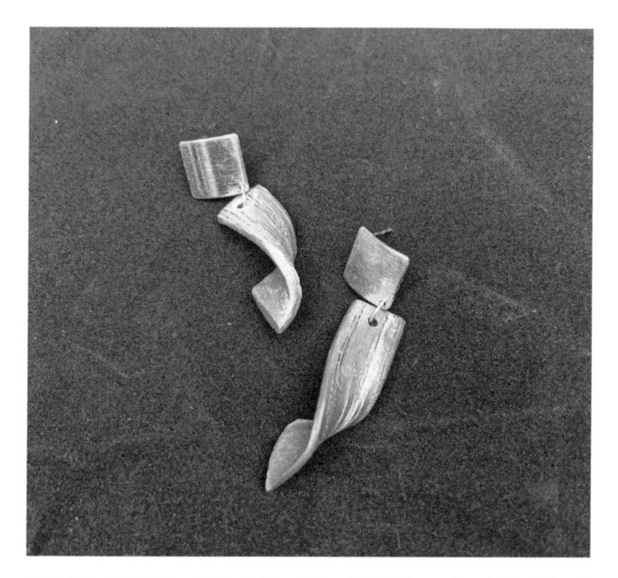

图 7-83　陶瓷耳坠。材料：陶泥、金水、金属配件。工艺：泥片成型、高温烧制、描金、低温烤花。作者：不详。指导老师：李嫱

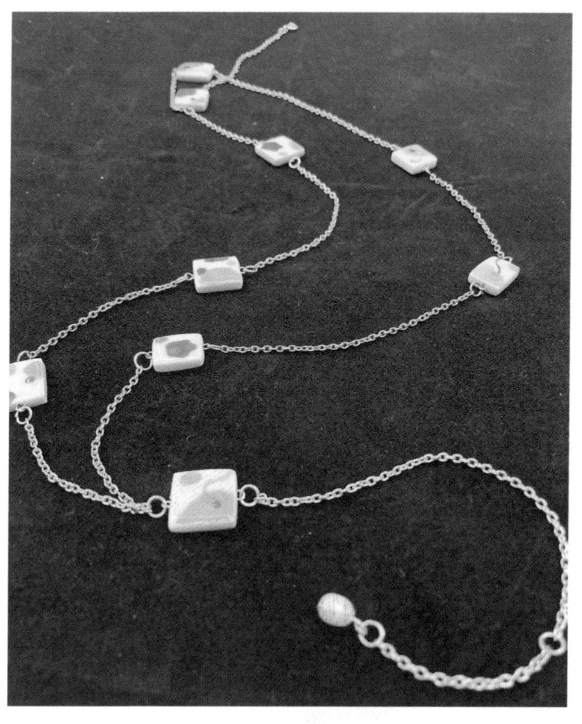

图 7-84　陶瓷项链。材料：瓷泥、釉下色料、金属配件。工艺：泥片切割、釉下彩绘、高温烧制。作者：不详。指导老师：李嫱

图 7-85　陶瓷吊坠。材料：陶泥、金属配件。工艺：捏塑成型、高温烧制、描金、低温烤花。作者：不详。指导老师：李嫱

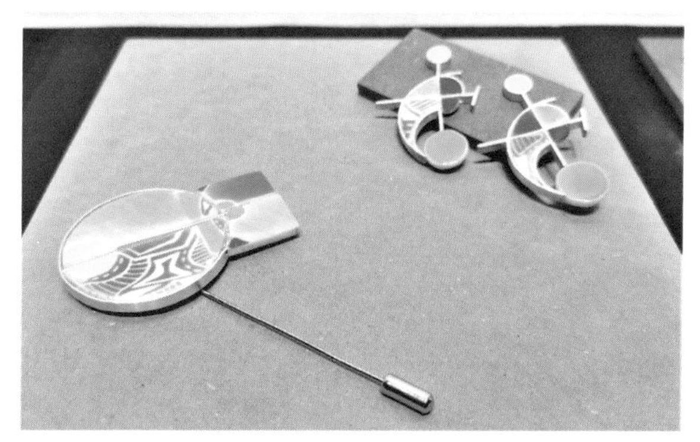

图 7-86　陶瓷胸针。材料：瓷泥、釉下色料、透明釉、银。工艺：泥片成型、釉下五彩、高温烧制、镶嵌、焊接、粘接。作者：不详

参考文献

[1] 孙嘉英 . 首饰研究与设计教学，杨永善 . 中央工艺美术学院艺术设计论集 [M]. 北京：北京工艺美术出版社，1996.

[2] 郭新 . 珠宝首饰设计 [M]. 上海：上海人民美术出版社，2009.

[3] [英] 托尼・伯克斯 . 陶瓷一生：露西・里 [M]. 彭程，译 . 北京：新星出版社，2017.

[4] 王进 . 女娲的遗珍：琉璃 [M]. 重庆：重庆出版社，2008.

[5] 王苗 . 珠光翠影：中国首饰史话 [M]. 北京：金城出版社，2012.

[6] 缪松兰，马铁成，林绍贤，等 . 陶瓷工艺学 [M]. 北京：中国轻工业出版社，2006.

[7] 杨永善 . 陶瓷造型艺术 [M]. 北京：高等教育出版社，2004.

[8] 丁珊编 . 杨永善文集 [M]. 济南：山东美术出版社，2013.

[9] 孙谷藏：欧美“新首饰”与陶瓷首饰 [J]. 浙江工艺美术，2009，35（04）：29–33.

[10] 孙谷藏 . 中国古代陶瓷首饰探源 [J]. 浙江工艺美术，2008（03）14–16.

[11] 于春，陈继东 . 中国古代“蜻蜓眼”珠 [J]. 文物鉴定与鉴赏，2011（06）.

后 记

笔者在20世纪90年代初期，因为下产区宜兴进行毕业设计创作而接触到紫砂泥这一材料，泥料的塑性激发了自己对它产生无限遐想。在创作的间隙，尝试着进行陶瓷首饰的制作。正是这不经意的尝试，使得自己在接下来的很长一段时间里继续进行着陶瓷首饰的设计和制作，并且开始把在首饰制作过程中获得的对材料处理的经验反馈到陶艺作品的创作中，使自己从中收获的不仅是对陶瓷首饰的认识，还有多种多样的陶瓷材料表现语言和工艺方法。这些来自制作陶瓷首饰得到的感悟，使自己在后来的课程教学中有了希望将自己的创作经验和思考转授给学生们的想法，而课程教学结果也正如自己所想，学生对陶瓷首饰的设计和制作形成了认识，而更为突出的是他们的创造力、动手能力和对陶瓷材料语言的探索在课程中都得以释放，这些为教材的撰写提供了可行的依据。

在开始着手教材撰写之时，和许多在陶瓷首饰设计与制作中有不同凡响的成绩的作者取得联系，在见到他们的作品时，触发了自己重新思考陶瓷首饰该从哪些方面可以获得更好的表现形式，正是他们的作品给了自己答案，而这些思索为今后改善课程的教学提供了依据。单纯从陶瓷艺术领域看待陶瓷首饰的呈现方式，已经远远不够，与首饰加工工艺结合才能真正体现首饰品类中具有超越自身材料价值更高的设计价值和艺术价值。

非常感谢为本教材提供作品图例的艺术家玛尔塔·阿尔马达（西班牙）、Yasuyo（捷克籍日裔）、宁晓莉、苏雪娇、蒋雍君、刘慕君、胡慧、刘丽晶、忆千年品牌创始人傅歌、繁华造物品牌创始人周雄昊、陶典陶瓷首饰工作室刘晓雷，正是他们慷慨的支持，才使得书中陶瓷首饰作品图例在他们作品的基础上呈现出多元的面貌。通过他们的作品，笔者认识到，在今后的教学中，要以更加开阔的视角引导学生更加全面地认识陶瓷首饰的设计和制作。

由于笔者专业所限，对于首饰类金属加工工艺缺乏经验，在谈及相关问题和看法时会出现纰漏或错误之处，期待广大读者和相关专业人士不吝赐教，提出宝贵意见，以此获得改善和提高今后教学工作和理论研究的机会。